◉ 新・工科系の数学 ◉
TKM-8

工学基礎
ラプラス変換と z 変換

原島　博・堀　洋一 共著

数理工学社

編者のことば

21 世紀に入り，工学分野がますます高度に発達しつつある．頭脳集約型の産業がわが国の将来を支える最も重要な力であることに疑問の余地はない．

高度に発展した工学の基本技術として数学がますます重要になっていることは，大学工学部のカリキュラムにしめる数学および数学的色彩をもった科目が20 年前と比べて格段に多数になっていることから容易に想像がつくことである．

一方で，大学 1，2 年次で教授される数学が，過去 40 年の間に大きな変革を受けたとは言いがたい．もとより，数学そのものが変わるわけもなく，また重要な数学の基礎に変更があるわけもないが，時代の変化や実際面での数学に対するニーズに対して，あまり鈍感であってよいわけではない．

現在出版されている数学関連図書の多くは，数学を専門にする学生および研究者向けであるか，あるいは反対に数学が不得手な者を対象にした易しい数学解説書であることが多い．将来数学を専攻しない，しかし数学と多くのかかわりをもつであろう理工系学生に，将来使うための数学を教育し，あるいは将来どのような形で数学が重要になるかを体系的に説く，そのような数学書が必要なのではないだろうか．またそのような数学書は，数学基礎教育に携わる数学専門家にとっても，例題集としてまた生きた数学の像を得るために重要なのではないかと考えている．

以上のような観点から全体を構成し，それぞれの専門家に執筆をお願いしたものが本ライブラリ「新・工科系の数学」である．本ライブラリではまず，大学工学部で学ぶ数学に十分な基礎をもたない者のための数学予備 [第 0 巻] と特に高等学校と大学数学の間の乖離を埋めるために数学の考え方，数の概念，証明とは何かを説いた第 1 巻，工学系学生の基礎数学 [第 2，3 巻] (以上，書目群 I)，工学基礎数学(書目群 II, III)を配置した．これらが数学各分野を解説する縦糸である．

一方，電気，物質科学，情報，機械，システム，環境，マネジメントの諸分野を数学を用いて記述する，またはそれらの分野で特化した数学を解説する巻（書目群 IV）を用意した．これは，数学としての体系というより，数学の体系を必要に応じて横断的に解説した横糸の構成となっている．両者を有機的に活用することにより，工科系における数学の重要性と全体像が明確にできれば，編者としてこれに優る喜びはない．ライブラリ全体として，編者の意図が成功したかどうか，読者の批判に待ちたい．

2002 年 8 月

編者　藤原毅夫
薩摩順吉
室田一雄

「新・工科系の数学」書目一覧

書目群Ⅰ	書目群Ⅲ
0　工科系　大学数学への基礎	A–1　工学基礎　代数系とその応用
1　工科系　数学概説	A–2　工学基礎　離散数学とその応用
2　工科系　線形代数	A–3　工学基礎　数値解析とその応用
3　工科系　微分積分	A–4　工学基礎　最適化とその応用
	A–5　工学基礎　確率過程とその応用
書目群Ⅱ	**書目群Ⅳ**
4　工学基礎　常微分方程式の解法	A–6　電気・電子系のための数学
5　工学基礎　ベクトル解析とその応用	A–7　物質科学のための数学
6　工学基礎　複素関数論とその応用	A–8　アナログ版・情報系のための数学
7　工学基礎　フーリエ解析とその応用	A–9　デジタル版・情報系のための数学
8　工学基礎　ラプラス変換と z 変換	A–10　機械系のための数学
9　工学基礎　偏微分方程式の解法	A–11　システム系のための数学
10　工学基礎　確率・統計	A-12　環境工学系のための数学
	A-13　マネジメント・エンジニアリングのための数学

（A: Advanced）

まえがき

本書は，工学系を志す学部学生を対象に執筆した，実用性を意識したラプラス変換と z 変換の教科書である．決して厳密な数学書ではなく，この本に従って演習問題を解いていくうちに，ラプラス変換と z 変換というものが自然に理解できるようになることをねらったものである．

東京大学では，教養学部の 2 年生後期において，電気系学科への進学が決まった学生に対し，駒場の教養学部キャンパスで，ラプラス変換，複素関数論などの演習を主体とした「数学演習」と称する講義を行っている．本書はそこで長年用いられてきたラプラス変換に関する配布プリントの一部をもとに，それを加筆する形で編纂したものである．

このプリントは，著者の一人（若き助教授時代の原島）が作成し，その後四半世紀以上にわたって連綿と使われてきたものである．ラプラス変換が工学での分野で道具として身に付くように執筆されているので，数学者の目で見ると不備不満が随所にあると思われる．それらは必要に応じて他の専門書で補っていただきたい．

ラプラス変換は，本書の第 2 部で述べるように，線形微分方程式，特に定係数線形微分方程式を解く上で，有力な手段を提供するものである．この方法によれば，微分方程式が代数方程式に変換され，極めて系統的に問題を解くことができる．

ラプラス変換は数学では「演算子法」と呼ばれているもののひとつであって，このほかにヘビサイドの演算子法（記号法ともいう），ミクシンスキーの演算子法などが知られている．これらの特徴はいずれも微分方程式を代数方程式に変換することにあるが，工学の分野ではラプラス変換が最もよく使われている．

また，ラプラス変換は，工学の分野で電気回路や制御工学に現れる線形システムを解析する上で必須の手法である．本書では第 3 部でこれを解説する．さらに，本書の第4部では，ラプラス変換といわば親戚筋にあたる「z変換」を扱う．これは，時間的にサンプリングされた離散時間システムを対象として導かれたもので，サンプル値制御系やディジタル信号処理の分野では，基本的な道具となっている．

ラプラス変換とz変換は，互いに密接な関係があることはもちろんであるが，信号処理で用いられるフーリエ変換や離散フーリエ変換，さらには数学的な厳密さを重んじた上記のミクシンスキーの演算子法などとも関連しており，一つの体系をなしている．本書がその体系の理解へ向けた最初の道しるべとなれば幸いである．

また，本書では，ラプラス変換においてsの整数次項のみを扱い，非整数次項による表現はほとんど省略した．分布定数系や制御系設計への展開には非常に興味深いものがあるが，これも将来のお楽しみということにしよう．

本書は第6章までと，8–9章の素稿を原島が執筆し，堀が7章を追加して，演習問題の整備も含め，全体のとりまとめを行った．本書の執筆に当たっては，身近な方々に暖かい励ましをいただいた．また，数理工学社の竹田直氏，竹内聡氏には終始お世話になった．心から謝意を表したい．

2004年6月

原島　博・堀　洋一

目　　次

本書の学び方

下の図は本書のおおよその構成を示したものである．左半分が 1 章–7 章に相当しており，主として「連続時間システムを対象としたラプラス変換」に関連する部分である．一方，右半分は 8 章と 9 章で，「離散時間システムを対象とした z 変換」に関連している．

両者の対応を説明するため対称的な図になっているが，内容的にはまずはラプラス変換を理解することが重要であるので，z 変換に比べて数倍以上のページ数になって

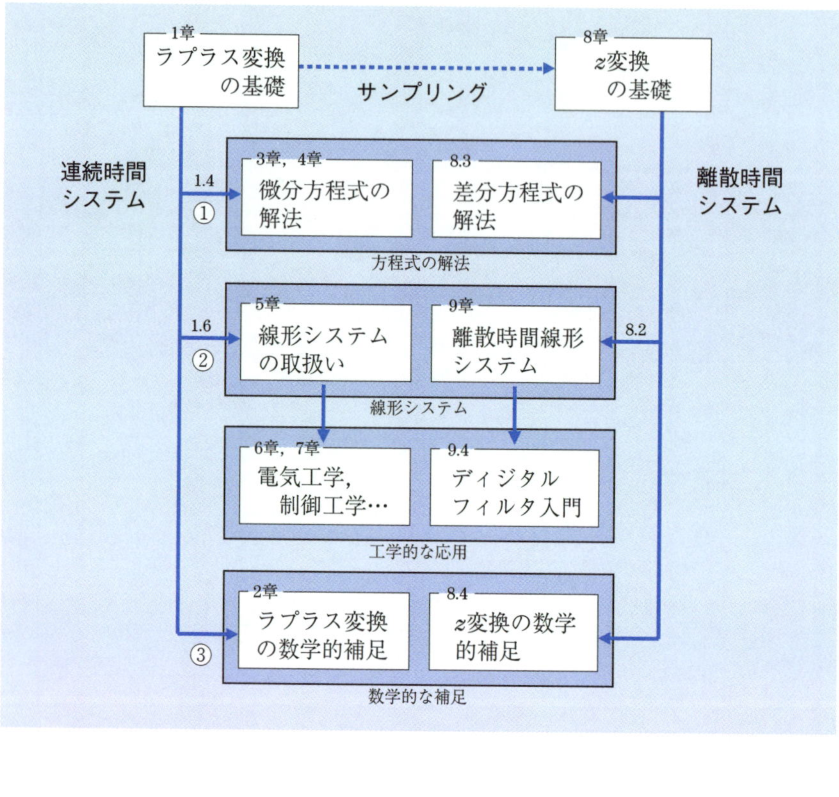

いる．例えば，ラプラス変換を用いた微分方程式などの解法は 3 章と 4 章で詳しく説明されているが，z 変換を用いた差分方程式の解法は 8.3 節で簡単に例題を示すにとどめた．

さて，本書を用いてさまざまな学び方ができる．

(1) **ラプラス変換を用いた微分方程式の解法に関心がある読者**は，1 章の 1.4 節まで学んで，ただちに 3 章と 4 章へ進んでさしつかえない（図の ①）．

(2) **工学的な応用に関心がある読者**，すなわち線形システムの解析あるいは電気回路や制御工学への適用を学びたい読者には，1 章の 1.6 節まで読んで 5 章へ行き，必要に応じて 6 章，7 章へ進むことをお勧めする（図の ②）．

(3) これに対して，**ラプラス変換の数学的な背景も含めてある程度理解したい読者**は，2 章で（不十分ながら）数学的な説明を補足してあるので，1 章を学んだのちそのまま次の 2 章へ進んでかまわない（図の ③）．

後半の z 変換についてもほぼ同様である．なお，ラプラス変換と z 変換の関係を論じた 8.1 節を除けば，後半の z 変換だけをほぼ独立して学べるようになっているので，**ディジタル信号処理などにおける離散時間システムに関心のある読者**は，まずは後半の 8 章から入り，必要に応じて前半を参照する読み方も可能である．

第1部
ラプラス変換とは何か

1 ラプラス変換の基礎

本章では，まず最初にラプラス変換を定義し，基本的な関数についてその例を示すことによって，ラプラス変換のイメージをつかんでもらうとともに，その重要性（意義）を指摘する．

次に，ラプラス変換で成立するいくつかの重要な定理を紹介する．これらはより複雑な関数をラプラス変換したり，第 **2** 部で述べる微分方程式などの応用問題を解くときに基本となるものである．

またあわせて，第 **3** 部でラプラス変換を線形システムの解析へ応用する際に重要なインパルス関数を導入して，そのラプラス変換形を示しておくことにしよう．

1 章で学ぶ概念・キーワード

- ラプラス変換の定義
- 指数関数など簡単な関数のラプラス変換
- ラプラス変換はなぜ重要か
- ラプラス変換で成り立つ定理
- インパルス関数

1.1　ラプラス変換の定義

1価実関数 $f(t)$ が $t \geq 0$ において定義されているものとする．これと e^{-st} との積をつくり，変数 t に関して0から ∞ まで積分すると，s の関数が得られる．これを $F(s)$ と記すことにして，$f(t)$ の**ラプラス変換** (Laplace transform) $\mathcal{L}[f(t)]$ を次のように定義する．

定義（ラプラス変換）

$$\mathcal{L}[f(t)] = F(s) = \int_0^\infty f(t)e^{-st}dt \tag{1.1}$$

ここに，$\mathcal{L}[f(t)]$ の $\mathcal{L}$ は，ラプラス変換の数学的な基礎を与えた数学者 Laplace の頭文字である．

一般に式 (1.1) によって得られる関数 $F(s)$ を「$f(t)$ の**裏関数**（または s 関数，像関数）」と呼ぶ．これに対して，もとの実関数 $f(t)$ を「**表関数**（または t 関数，原関数）」と呼ぶ．

なお，ラプラス変換における表関数 $f(t)$ が，**必ず $t < 0$ において0である**ことに注意してほしい．$t < 0$ で値をもつ関数に対しても適用できるようにラプラス変換を定義することも可能であるが（これは両側ラプラス変換と呼ばれる），本書では次の第2章で簡単に紹介するにとどめる．

［ラプラス変換と逆変換の計算］

さて，初めて学ぶ読者は，最初から複雑そうな積分がでてきたので，戸惑っているかもしれない．でも，これは慣れればそれほど難しいものではない．

実際，式 (1.1) の積分は，特別な場合を除いてそれほど困難ではない．また，嬉しいことに $f(t)$ と $F(s)$ は互いに1対1に対応している．したがって，$F(s)$ を一度計算しておけば，新しい問題に出会ったときに計算しなおす必要もない．しかも，比較的よく使われる $f(t)$ と $F(s)$ については，「ラプラス変換表」としてまとめられているので，**ラプラス変換表を参照する**だけでこと足りることが多いのである．

裏関数 $F(s)$ から表関数 $f(t)$ にもどすための操作は**ラプラス逆変換** (inverse

Laplace transform) と呼ばれる．これは s に関する複素積分（後述する式 (2.3) を参照）になるが，実際にはその積分を行う必要はほとんどない．多くの場合，$F(s)$ を適当に変形し,《ラプラス逆変換表を参照する》だけでラプラス逆変換が求められるからである（注 1）．

特に，裏関数 $F(s)$ が s の有理関数（多項式の比）の形をしているときは，第 3 章の 3.3 で詳しく説明する**ヘビサイドの展開定理**を用いると，部分分数展開という手法によって，簡単な関数の和に分解できる．例えば

$$\frac{s^2-s-1}{s^3-4s^2+5s-2}=\frac{s^2-s-1}{(s-1)^2(s-2)}=\frac{1}{(s-1)^2}+\frac{1}{s-2}$$

この右辺のそれぞれの項の逆変換はラプラス変換表に載っているので，それを参照することにより

$$f(t)=te^t+e^{2t}$$

なる表関数 $f(t)$ が得られる．

注意1　これらの《ラプラス変換表，逆変換表》は，付録として巻末に載せてあるので，先に眺めておくとよい． □

[複素関数としてのラプラス変換]

ラプラス変換 $\boldsymbol{F(s)}$ **の変数** $\boldsymbol{s}$ **は複素数**である．したがって，これを

$$s=\alpha+j\beta \quad (\, j=\sqrt{-1}\,;\text{虚数単位}) \tag{1.2}$$

とおけば（注 2）

$$e^{-st}=e^{-\alpha t}(\cos\beta t-j\sin\beta t)$$

より，式 (1.1) の積分は次のようになる．

$$\begin{aligned}&\int_0^\infty f(t)e^{-st}dt\\ &=\int_0^\infty f(t)e^{-\alpha t}\cos\beta t\,dt-j\int_0^\infty f(t)e^{-\alpha t}\sin\beta t\,dt\end{aligned} \tag{1.3}$$

すなわち，$F(s)$ は一般に複素関数になる．

ここでまた読者は戸惑うかもしれない．ラプラス変換を学ぶために，どこまで複素関数論の知識が必要なのだろうかと．おおざっぱに言えば，例えば微分

方程式や電気回路の過渡現象を解くためのテクニックとしてラプラス変換を使うときは，ほとんど複素関数論の知識は必要とされない．場合によっては，s が複素数であることを忘れて，あたかも実数であるかのごとく扱ってもよい．

しかし一方で，複素関数論の知識が深まるにつれて，ラプラス変換の本当の醍醐味や美しさもわかってくる．それがラプラス変換の面白いところである．例えば，第 5 章で線形システムの取り扱いを学ぶが，そこでは s に関する複素平面についてのセンスが重要な役割を果たすようになる．

なお，ラプラス変換は，積分範囲が無限であるので，任意の複素数 s に対して式 (1.1) の積分が収束するとは限らない．積分が収束するためには，次の第 2 章の 2.1 節で簡単に述べるように，s の値にある条件が必要である．数学的には，この収束性は重要であるが，通常，工学の分野で現れる関数 $f(t)$ の裏関数 $F(s)$ は，ほとんどが収束の条件を満たしている．本書でも，原則として収束を前提として議論を進めていくこととする．

注意2 虚数単位の記号は，数学では i を使うが，電気工学などの分野では i は電流の記号であるので，混乱を防ぐ意味で j を使う．ここでも実用を意識して j を使用する． □

1.2　ラプラス変換の例

以下，いくつかの簡単な関数 $f(t)$ について，その裏関数 $F(s)$ を求めてみよう．

(1)　単位段関数 $u_1(t)$

まず，

$$u_1(t) = \begin{cases} 0 & (t < 0) \\ \dfrac{1}{2} & (t = 0) \\ 1 & (t > 0) \end{cases} \tag{1.4}$$

で定義される単位段関数の裏関数は次のようにして求められる．

$$\mathcal{L}[u_1(t)] = \int_0^{\infty} e^{-st} dt = \left[-\frac{1}{s} e^{-st} \right]_0^{\infty} = \frac{1}{s} \tag{1.5}$$

ただし，$\mathrm{Re}\,(s) > 0$ を仮定している．

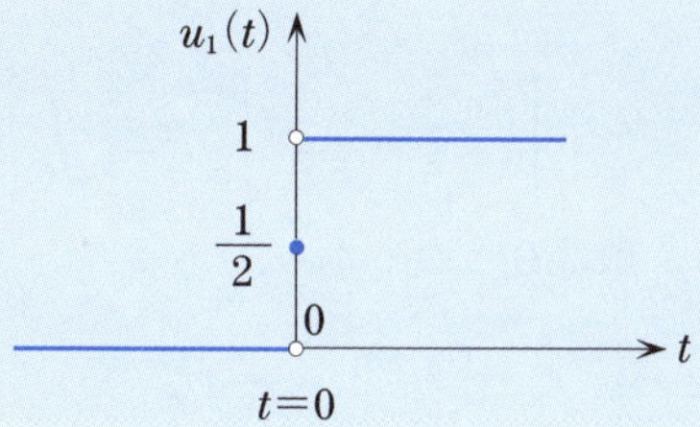

図 1.1

(2)　指数関数 $e^{\alpha t}$ $(t > 0)$

$$\begin{aligned} \mathcal{L}[e^{\alpha t}] &= \int_0^{\infty} e^{\alpha t} e^{-st} dt = \int_0^{\infty} e^{-(s-\alpha)t} dt \\ &= \frac{1}{s - \alpha} \quad (\mathrm{Re}\,(s) > \alpha) \end{aligned} \tag{1.6}$$

(3)　三角関数 $\sin \omega t$ または $\cos \omega t$ $(t > 0)$

$$\mathcal{L}[\sin \omega t] = \int_0^\infty (\sin \omega t) e^{-st} dt$$
$$= \left[\frac{e^{-st}(-s \sin \omega t - \omega \cos \omega t)}{s^2 + \omega^2} \right]_0^\infty = \frac{\omega}{s^2 + \omega^2} \tag{1.7}$$

ただし，$\mathrm{Re}(s) > 0$．同様にして

$$\mathcal{L}[\cos \omega t] = \frac{s}{s^2 + \omega^2} \quad (\mathrm{Re}(s) > 0) \tag{1.8}$$

(4)　減衰振動 $e^{\alpha t} \sin \omega t$ または $e^{\alpha t} \cos \omega t$ $(t > 0)$

$$\mathcal{L}[e^{\alpha t} \sin \omega t] = \frac{\omega}{(s - \alpha)^2 + \omega^2} \quad (\mathrm{Re}(s) > \alpha) \tag{1.9}$$

$$\mathcal{L}[e^{\alpha t} \cos \omega t] = \frac{s - \alpha}{(s - \alpha)^2 + \omega^2} \quad (\mathrm{Re}(s) > \alpha) \tag{1.10}$$

(5)　t の n 乗（n は正の整数）

まず，

$$\mathcal{L}[t] = \int_0^\infty t e^{-st} dt = \left[\left(-\frac{1}{s} e^{-st} \right) t \right]_0^\infty + \frac{1}{s} \int_0^\infty e^{-st} dt$$

$\mathrm{Re}(s) > 0$ のとき，第1項は0となるから，

$$\mathcal{L}[t] = \frac{1}{s} \left[-\frac{1}{s} e^{-st} \right]_0^\infty = \frac{1}{s^2} \tag{1.11}$$

一般に $f(t) = t^n$ のときは，

$$\mathcal{L}[t^n] = \int_0^\infty t^n e^{-st} dt = \left[-\frac{t^n}{s} e^{-st} \right]_0^\infty + \frac{n}{s} \int_0^\infty t^{n-1} e^{-st} dt$$
$$= \frac{n}{s} \int_0^\infty t^{n-1} e^{-st} dt \quad (\mathrm{Re}(s) > 0)$$

となるから，部分積分をくり返すことにより，次の裏関数が得られる．

$$\mathcal{L}[t^n] = \frac{n!}{s^{n+1}} \quad (\mathrm{Re}(s) > 0) \tag{1.12}$$

(6)　t^n と指数関数の積 $t^n e^{\alpha t}$ $(t > 0)$

(5) と同様に部分積分をくり返し適用することにより，

$$\mathcal{L}[t^n e^{\alpha t}] = \int_0^\infty t^n e^{-(s-\alpha)t} dt = \frac{n!}{(s-\alpha)^{n+1}} \quad (\mathrm{Re}\,(s) > \alpha) \tag{1.13}$$

が求められる．$\alpha = 0$ とおけばもちろん式 (1.12) と一致する．

以上まとめて，表 1.1 のようなラプラス変換対が求められる．

先に述べたように，ラプラス変換は，その都度《変換表を参照する》ことによってこと足りる．しかし，少なくともこの表にある変換対程度は覚えておいてほしい．

表 1.1　基本的な関数のラプラス変換

	表関数 $f(t), t > 0$	裏関数 $F(s)$
(1)　単位段関数	$u_1(t)$	$\frac{1}{s}$
(2)　指数関数	$e^{\alpha t}$　(α：定数)	$\frac{1}{s-\alpha}$
(3)　三角関数	$\sin \omega t$	$\frac{\omega}{s^2+\omega^2}$
	$\cos \omega t$ (ω：定数)	$\frac{s}{s^2+\omega^2}$
(4)　減衰振動	$e^{\alpha t} \sin \omega t$	$\frac{\omega}{(s-\alpha)^2+\omega^2}$
	$e^{\alpha t} \cos \omega t$	$\frac{s-\alpha}{(s-\alpha)^2+\omega^2}$
(5)　t の n 乗	t^n	$\frac{n!}{s^{n+1}}$
(6)　t^n と指数関数の積	$t^n e^{\alpha t}$	$\frac{n!}{(s-\alpha)^{n+1}}$

1.3 ラプラス変換の意義

ラプラス変換では，表関数 $f(t)$ を裏関数 $F(s)$ に変換する．ここで，t を時間を表す変数とすれば，時間とともに変動する自然現象やシステムは時間 t の領域，すなわち **t 領域**で記述される．これをラプラス変換では，図1.2に示すように **s 領域**に変換する．そして s 領域において演算を行い，その結果を再びラプラス逆変換によって t 領域にもどす．

なぜ，このようなまわりくどい操作をするのであろうか？

その答えは単純である．まず，

(1) **t 領域から s 領域に変換したほうが，問題を容易に解ける**

からである．

実際，ラプラス変換は数学の問題の実用的な解法として登場した．その源流は，イギリスの通信工学者ヘビサイド (Oliver Heaviside, 1850–1925) にさかのぼることができる．ヘビサイドは，

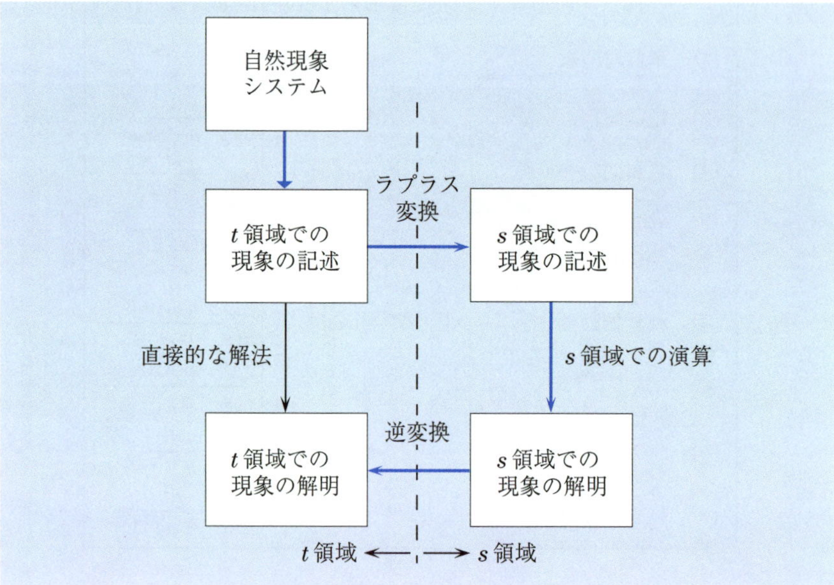

図 1.2 t 領域と s 領域

$$\frac{d}{dt} = p, \quad \int dt = \frac{1}{p}$$

とおくことによって（注3），電気回路に現れる微積分方程式を，単なる p の代数方程式として極めて簡単に解く方法を考案した．この方法は「**ヘビサイドの演算子法**」と呼ばれている．しかし，数学的な根拠が薄弱であったので，当時は数学者からは問題にされなかった．

ヘビサイドの演算子法の数学的な裏付けは，その後ブロムウィッチ (Bromwich) やワグナー (Wagner) らによって行われた．その数学的な基盤となったのは，18世紀の数学者のラプラス (Laplace) の 1780 年の著書に見られる積分変換の理論であったので，今日ではヘビサイドの演算子法は「**ラプラス変換法**」と呼ばれている．

このように，ラプラス変換の前身はヘビサイドの演算子法であり，それは電気回路の問題を容易に解くという実用的な関心から導かれたのである．ラプラス変換は現在では電気工学のみならず制御工学などのより広い工学の分野に応用されている．

しかしこれだけでは，ラプラス変換は問題を解くための単なるテクニックのように見えるかもしれない．ラプラス変換の重要性は，もちろんそれだけではない．むしろ

(2) **s 領域に変換したほうが現象の本質に迫ることができ，その把握を容易にする**

のである．

いわば，t 領域ではモヤに包まれていた現象の世界が，s 領域に入ることによりはるかに先の見通しがよくなる．そのような感覚をフプラス変換を学ぶことによって味わうことができるのである．逆に，そのような感覚を味わうことができたときに，ラプラス変換の本質を理解できたことになる．それを期待して，本書では少しずつラプラス変換の本質に迫っていくことにしよう．

注意3 この p はラプラス変換の s に相当している． □

1.4　ラプラス変換の基本定理［1］

まず，ラプラス変換を用いて微分方程式や積分方程式を解くときに必要となる定理を3つあげておく．

［線形性］

$f_1(t)$ と $f_2(t)$ を変数 t の実関数，a，b を定数とする．このとき，$af_1(t)+bf_2(t)$ のラプラス変換は定義から直ちにわかるように，

$$\mathcal{L}[af_1(t)+bf_2(t)] = aF_1(s)+bF_2(s) \tag{1.14}$$

で与えられる．すなわち**2つの表関数の線形結合に対する裏関数は，それぞれの裏関数の線形結合に等しい**．これを定理の形で示しておくと，

定理 1.1（線形性）

$f_1(t) \xrightarrow[\mathcal{L}]{} F_1(s)$，$f_2(t) \xrightarrow[\mathcal{L}]{} F_2(s)$ のとき，

$$af_1(t)+bf_2(t) \xrightarrow[\mathcal{L}]{} aF_1(s)+bF_2(s) \tag{1.15}$$

となる．ここに，$\xrightarrow[\mathcal{L}]{}$ は左の表関数から右の裏関数へのラプラス変換を示す記号である．

［t 軸上の微分と積分］

ラプラス変換を微分方程式や積分方程式に応用するためには，$f(t)$ の微分と積分のラプラス変換を知っておく必要がある．

まず $f(t)$ の微分（導関数）$df(t)/dt$ のラプラス変換を求めてみよう．これは，$f(t)$ が連続のとき

$$\mathcal{L}\left[\frac{df(t)}{dt}\right] = \int_0^\infty \frac{df(t)}{dt}e^{-st}dt$$

となるが，部分積分法を用いて次のように変形される．

$$\begin{aligned}\mathcal{L}\left[\frac{df(t)}{dt}\right] &= \Big[f(t)e^{-st}\Big]_0^\infty + s\int_0^\infty f(t)e^{-st}dt \\ &= sF(s)-f(0_+)\end{aligned} \tag{1.16}$$

ここに，$\lim_{t\to\infty} f(t)e^{-st}=0$ を仮定している．また，$f(0_+)$ は t をプラスの側か

ら 0 に近づけたときの極限値，つまり，

$$f(0_+) = \lim_{t \to 0_+} f(t) \tag{1.17}$$

である．これを $f(t)$ の $t = 0_+$ における初期値という．

以上より，次の定理が成り立つ．

定理 1.2（t 軸上の微分）

$$\frac{d}{dt}f(t) \xrightarrow[\mathcal{L}]{} sF(s) - f(0_+) \tag{1.18}$$

ただし，$\displaystyle\lim_{t \to \infty} f(t)e^{-st} = 0$

同様にして，$f(t)$ の高次導関数もまた，部分積分法をくり返し適用することによって求められる．結果のみ示せば，$f(t)$，$f'(t)$，$\cdots$，$f^{(n-1)}(t)$ が連続のとき，

$$\begin{aligned}\mathcal{L}[f^{(n)}(t)] = s^nF(s) - \{&s^{n-1}f(0_+) + s^{n-2}f'(0_+) + \cdots \\ &+ sf^{(n-2)}(0_+) + f^{(n-1)}(0_+)\}\end{aligned} \tag{1.19}$$

ここに，$f(0_+)$，$f'(0_+)$，$\cdots$ はそれぞれ，$f(t)$，$f'(t)$，$\cdots$ に関する初期値である．

一方，$f(t)$ の不定積分 $\displaystyle\int f(t)dt$ のラプラス変換形は次のように求められる．すなわち，まず，ラプラス変換の定義式 (1.1) に部分積分法を適用すると，

$$\begin{aligned}F(s) &= \int_0^\infty f(t)e^{-st}dt \\ &= \left[e^{-st}\int f(t)dt\right]_0^\infty + s\int_0^\infty \left[\int f(t)dt\right] e^{-st}dt\end{aligned}$$

となる．ここで，

$$\lim_{t \to 0_+} e^{-st}\int f(t)dt = \lim_{t \to 0_+}\int f(t)dt = f^{(-1)}(0_+)$$

とおき，また

$$\lim_{t \to \infty} e^{-st}\int f(t)dt = 0$$

を仮定すると

$$F(s) = -f^{(-1)}(0_+) + s\mathcal{L}\left[\int f(t)dt\right]$$

すなわち

$$\mathcal{L}\left[\int f(t)dt\right] = \frac{F(s)}{s} + \frac{f^{(-1)}(0_+)}{s} \tag{1.20}$$

ゆえに，次のラプラス変換公式が得られる．

定理 1.3（t 軸上の積分）

$$\int f(t)dt \xrightarrow[\mathcal{L}]{} \frac{F(s)}{s} + \frac{f^{(-1)}(0_+)}{s} \tag{1.21}$$

ここに

$$f^{(-1)}(0_+) = \lim_{t\to 0_+} \int f(t)dt = \int_{-\infty}^{0_+} f(t)dt \tag{1.22}$$

同じようにして，部分積分をひき続き行うと，$f(t)$ を t で n 回積分した関数のラプラス変換は

$$\mathcal{L}\left[\underbrace{\iint\cdots\int}_{n} f(t)(dt)^n\right]$$
$$= \frac{F(s)}{s^n} + \left\{\frac{f^{(-1)}(0_+)}{s^n} + \frac{f^{(-2)}(0_+)}{s^{n-1}} + \cdots + \frac{f^{(-n)}(0_+)}{s}\right\} \tag{1.23}$$

ただし

$$f^{(-k)}(0_+) = \lim_{t\to 0_+} \underbrace{\int\cdots\int}_{k} f(t)\,(dt)^k \tag{1.24}$$

となる．

定理 1.2 と定理 1.3 から明らかなように，**表関数 $f(t)$ を t で n 回微分することは，$f(t)$ の裏関数 $F(s)$ に s^n をかけることに対応している．また，表関数 $f(t)$ を t で n 回積分することは，$f(t)$ の裏関数 $F(s)$ を s^n で割ることに対応している．**

これは $\boldsymbol{t}$ 領域における微分演算と積分演算が，$\boldsymbol{s}$ 領域では $\boldsymbol{s}$ に関する代数演算になることを意味するものである．

なお，式 (1.21) は $f(t)$ の不定積分 $\int f(t)dt$，すなわち $\int_{-\infty}^{t} f(t)dt$ に対するものであるが，積分の下限が 0 である $\int_{0}^{t} f(t)dt$ の場合は初期値を考慮する必要はなく，

$$\int_0^t f(t)dt \xrightarrow[\mathcal{L}]{} \frac{F(s)}{s} \tag{1.25}$$

となる．同様にして

$$\int_0^t \int_0^{t_1} \int_0^{t_2} \cdots \int_0^{t_{n-1}} f(t_n)dt_{n-1}dt_{n-2}\cdots dt_1 dt \xrightarrow[\mathcal{L}]{} \frac{F(s)}{s^n} \tag{1.26}$$

こうして，微分と積分のラプラス変換が導かれた．簡単な定係数線形常微分方程式や積分方程式は，以上の準備だけで解くことができる．これに関心がある読者は，ここで直ちに第 2 部に進んでも差し支えない．

1.5　ラプラス変換の基本定理［2］

以下，ラプラス変換で成り立つその他の重要な定理をまとめて紹介しておく．いずれも，より複雑な関数のラプラス変換を求めたり，微分方程式を解く際に基本となるものである．

［s 軸上の微分と積分］

先の定理1.2，1.3は，$f(t)$ を t で微分あるいは積分したもののラプラス変換を与えるものであった．逆に，裏関数 $F(s)$ を s で微分あるいは積分したものは，どのような表関数に対応しているのであろうか．結論を定理の形で示すと，$f(t)$ のラプラス変換が $F(s)$ であるとき，

定理 1.4（s 軸上の微分）

$$tf(t) \xrightarrow[\mathcal{L}]{} -\frac{d}{ds}F(s) \tag{1.27}$$

すなわち，表関数は t 倍になる．ただし裏関数にマイナスがついていることに注意してほしい．

［証明］
$$\begin{aligned} -\frac{d}{ds}F(s) &= -\frac{d}{ds}\int_0^\infty f(t)e^{-st}dt \\ &= -\int_0^\infty \frac{\partial}{\partial s}[f(t)e^{-st}]dt \\ &= \int_0^\infty tf(t)e^{-st}dt \end{aligned}$$
■

同様にして，

定理 1.5（s 軸上の積分）

$$\frac{f(t)}{t} \xrightarrow[\mathcal{L}]{} \int_s^\infty F(s)ds \tag{1.28}$$

ただし，

$$\lim_{s\to\infty}\int_0^\infty \frac{f(t)}{t}e^{-st}dt = 0$$

すなわち，表関数は t で割ったものになる．ただし裏関数の積分範囲に注意してほしい．

［証明］
$$
\begin{aligned}
\int_s^{\infty} F(s)ds &= \int_s^{\infty}\int_0^{\infty} f(t)e^{-st}dt\,ds \\
&= \int_0^{\infty}\int_s^{\infty} f(t)e^{-st}ds\,dt \\
&= \int_0^{\infty}\left[-\frac{f(t)}{t}e^{-st}\right]_s^{\infty} dt \\
&= -\lim_{s\to\infty}\int_0^{\infty}\frac{f(t)}{t}e^{-st}dt + \int_0^{\infty}\frac{f(t)}{t}e^{-st}dt \\
&= \int_0^{\infty}\frac{f(t)}{t}e^{-st}dt
\end{aligned}
$$
■

［移動定理］

表関数 $f(t)$ を t 軸上で τ だけ平行移動した関数を $f(t-\tau)$ とおくと，そのラプラス変換は，次の定理で与えられる．

定理 1.6（t 軸上の移動定理）

$$f(t-\tau) \xrightarrow[\mathcal{L}]{} e^{-s\tau}F(s) \tag{1.29}$$

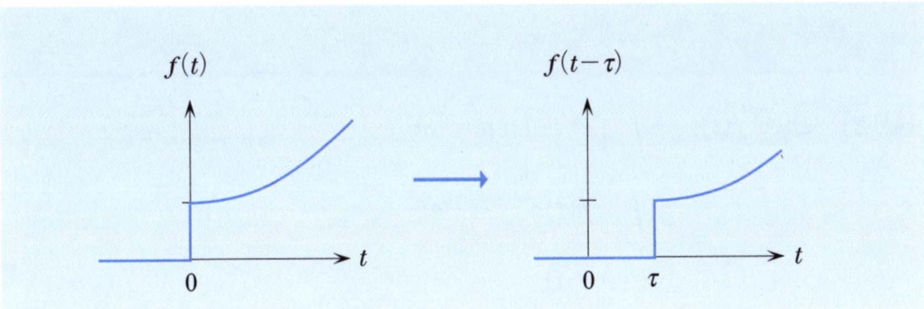

図 1.3 $f(t)$ の平行移動

［証明］ $f(t)$，$t \geq 0$ を τ だけ平行移動したものは，$f(t-\tau)=0$，$t<\tau$ であるから

$$\mathcal{L}[f(t-\tau)] = \int_{\tau}^{\infty} f(t-\tau)e^{-st}dt \quad (t-\tau = t' \text{ とおくと})$$
$$= \int_{0}^{\infty} f(t')e^{-s(t'+\tau)}dt'$$
$$= e^{-s\tau}\int_{0}^{\infty} f(t')e^{-st'}dt' \qquad ■$$

すなわち，**表関数の t 軸に関する平行移動は，裏関数では単に $e^{-s\tau}$ をかけることに対応**している．ここで注意すべきは，表関数の平行移動によって関数の形そのものが変化してはいけないことである．例えば，図1.3に示すように $t>0$ で定義された関数 $f(t)$ を平行移動したときに，もともと $t<0$ で $f(t)=0$ であった部分もそのまま平行移動されている必要がある．その意味では，もともとの表関数 $f(t)$ は，実は段関数 $u_1(t)$ がついた $f(t)u_1(t)$ であったのであり，定理1.6も $\tau>0$ の場合は，次のように表現したほうが厳密である．

$$f(t-\tau)u_1(t-\tau) \xrightarrow[\mathcal{L}]{} e^{-s\tau}F(s) \quad (\tau>0) \tag{1.30}$$

同様にして s 軸上の移動定理も証明できる．

定理 1.7（s 軸上の移動定理）

$$e^{at}f(t) \xrightarrow[\mathcal{L}]{} F(s-a) \tag{1.31}$$

［証明］ $\mathcal{L}[e^{at}f(t)] = \int_{0}^{\infty} e^{at}\cdot f(t)e^{-st}dt$
$$= \int_{0}^{\infty} f(t)e^{-(s-a)t}dt$$
$$= F(s-a) \qquad ■$$

［相似定理］

これは，$f(t)$ の変数 t を $1/a$ 倍したときのラプラス変換形を与えるものである．

定理 1.8（相似定理）

$$f\left(\frac{t}{a}\right) \xrightarrow[\mathcal{L}]{} aF(as) \quad (a>0) \tag{1.32}$$

［証明］

$$aF(as) = a\int_0^\infty f(t)e^{-ast}dt \qquad (at = t' \text{ とおくと})$$

$$= \int_0^\infty f\left(\frac{t'}{a}\right)e^{-st'}dt' \qquad ■$$

ここに $f(t/a)$ は，$f(t)$ を t について a 倍に引き伸ばすことを意味している．定理 1.8 は，**t を a 倍に引き伸ばすことは，s を $1/a$ 倍に縮小することに対応している**ことを示したものである．

［たたみこみ定理］

2 つの表関数 $f(t)$ と $g(t)$ を組合せて定義される積分

$$\int_0^t f(\tau)g(t-\tau)d\tau$$

を，$f(t)$ と $g(t)$ の**たたみこみ積分** (convolution integral) と呼ぶ．このラプラス変換は，次の定理で与えられる

定理 1.9（たたみこみ定理）

$$\int_0^t f(\tau)g(t-\tau)d\tau \xrightarrow[\mathcal{L}]{} F(s)G(s) \tag{1.33}$$

すなわち，**$f(t)$ と $g(t)$ のたたみこみ積分のラプラス変換は，それぞれの裏関数 $F(s)$ と $G(s)$ の積に等しい**．これは次のようにして証明される．

［証明］ $F(s)\cdot G(s)$

$$= \int_0^\infty f(u)e^{-su}du \cdot \int_0^\infty g(v)e^{-sv}dv$$

$$= \int_0^\infty \int_0^\infty f(u)g(v)e^{-s(u+v)}dudv \quad (*)$$

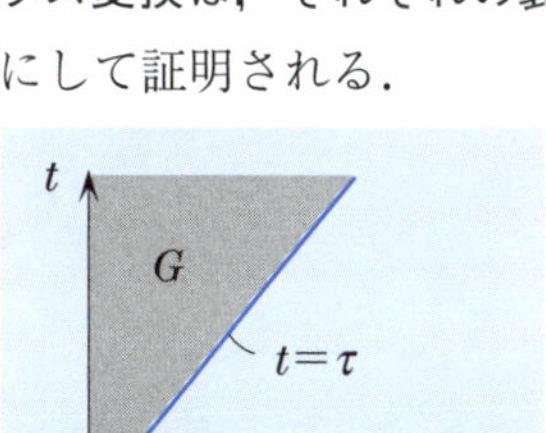

図 1.4　積分範囲

ここで $u+v=t$，$u=\tau$ なる変数変換をすると，この積分は τ–t 平面（図 1.4）の G 上の積分と

なって

$$(*) = \iint_G f(\tau)g(t-\tau)e^{-st}dt\,d\tau$$
$$= \int_0^\infty \left[\int_0^t f(\tau)g(t-\tau)d\tau\right] e^{-st}dt \qquad \blacksquare$$

ラプラス変換では，線形性によって関数 $f(t)$ と $g(t)$ の和，すなわち $f(t)+g(t)$ の裏関数は $F(s)+G(s)$ になった．それに対して，一般に積 $f(t)\cdot g(t)$ と積 $F(s)\cdot G(s)$ は対応していないので注意を要する．

定理 1.9 のたたみこみ定理は，第 5 章で述べるように，線形システムを解析する際に本質的な役割を果たしている．

[周期関数のラプラス変換]

$f(t)$ を $t>0$ で定義された図 1.5 のような周期関数としよう．この周期が T であるとき，そのラプラス変換は次のようにして計算できる．

定理 1.10（周期関数のラプラス変換）

$$f(t) \xrightarrow[\mathcal{L}]{} \frac{1}{1-e^{-sT}}\int_0^T f(t)e^{-st}dt \tag{1.34}$$

[証明]　1 周期分の関数 $f_1(t)$, $0<t<T$ のラプラス変換を

$$F_1(s) = \int_0^T f(t)e^{-st}dt$$

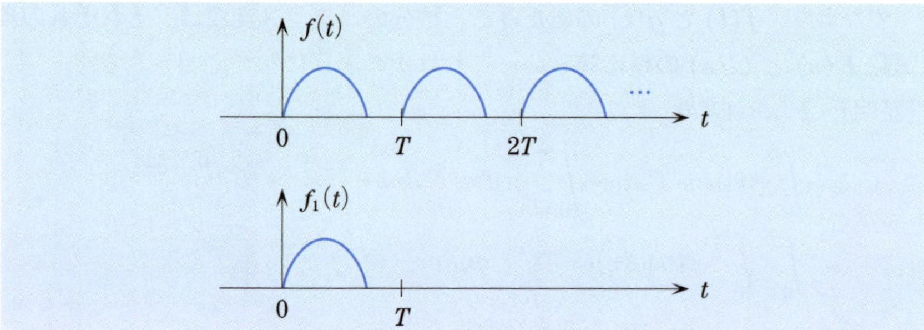

図 1.5　周期関数 $f(t)$ と 1 周期分の $f_1(t)$

とすると，定理 1.6 を用いて

$$
\begin{aligned}
f(t) &= f_1(t) + f(t-T) + f(t-2T) + \cdots \\
&\xrightarrow[\mathcal{L}]{} F_1(s) + e^{-sT}F_1(s) + e^{-s2T}F_1(s) + \cdots \\
&= (1 + e^{-sT} + e^{-s2T} + \cdots)F_1(s) \\
&= \frac{1}{1-e^{-sT}}F_1(s) \\
&= \frac{1}{1-e^{-sT}}\int_0^T f(t)e^{-st}dt
\end{aligned}
$$

■

［初期値定理と最終値定理］

$F(s)$ の形から，表関数 $f(t)$ の $t \to 0_+$ のときの振る舞いと，$t \to \infty$ のときの振る舞いを推測することができる．これを与えるのが次の定理である．

定理 1.11（初期値定理，最終値定理）

初期値定理　$\lim\limits_{t \to 0_+} f(t) = \lim\limits_{s \to \infty} sF(s)$　(1.35)

最終値定理　$\lim\limits_{t \to \infty} f(t) = \lim\limits_{s \to 0} sF(s)$　(1.36)

ただし $F(s)$ は $s \geq 0$ で収束．

［証明］　定理 1.2 より

$$\int_0^\infty f'(t)e^{-st}dt = sF(s) - f(0_+)$$

ここで $s \to \infty$ とすると　左辺は 0 となって

$$0 = \lim_{s \to \infty} sF(s) - f(0_+)$$

ゆえに，$\lim\limits_{s \to \infty} sF(s) = f(0_+)$

また，$F(s)$ が $s \geq 0$ で収束すれば，$s \to 0$ のとき，左辺は $f(\infty) - f(0_+)$ となって

$$f(\infty) - f(0_+) = \lim_{s \to 0} sF(s) - f(0_+)$$

ゆえに，$f(\infty) = \lim\limits_{s \to 0} sF(s)$　■

なお，最終値定理は，$f(t)$ が周期関数の場合には成立しないので注意を要する．

1.6　少し複雑な関数のラプラス変換

これまでのべた定理を応用することにより，少し複雑な関数のラプラス変換を計算することができる．例題の形で求めてみよう．

例題 1.1

右図に示す単一方形波のラプラス変換を求めよ．

$$f(t) = \begin{cases} 0 & (t < 0) \\ a & (0 \leq t < \tau) \\ 0 & (\tau \leq t) \end{cases}$$

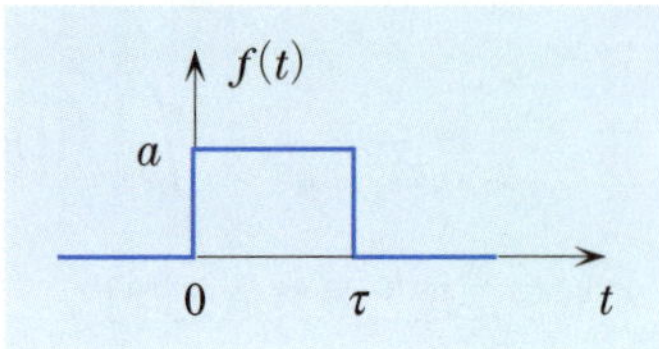

図 1.6　単一方形波

【解答】　$u_1(t)$ を単位段関数とすると，

$$f(t) = a[u_1(t) - u_1(t-\tau)]$$

ゆえに定理 1.6 より，

$$F(s) = a\left(\frac{1}{s} - \frac{e^{-s\tau}}{s}\right)$$
$$= \frac{a}{s}(1 - e^{-s\tau})$$

■

例題 1.2

下図の周期関数のラプラス変換を求めよ．

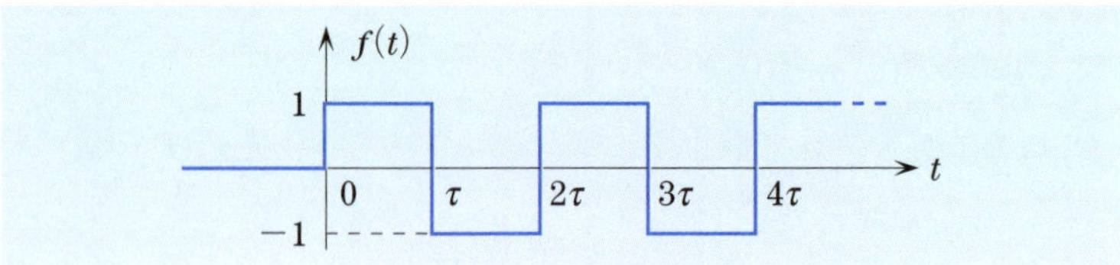

図 1.7　周期関数

【解答】 2τ が周期であり，1 周期分 $0 \leq t < 2\tau$ のラプラス変換は

$$\begin{aligned} F_1(s) &= \int_0^{2\tau} f(t)e^{-st}dt \\ &= \int_0^{\tau} e^{-st}dt - \int_{\tau}^{2\tau} e^{-st}dt \\ &= \frac{1}{s}(1-e^{-s\tau}) - \frac{1}{s}(1-e^{-s\tau})e^{-s\tau} \\ &= \frac{1}{s}(1-e^{-s\tau})^2 \end{aligned}$$

よって定理 1.10 より，$f(t)$ のラプラス変換は

$$F(s) = \frac{1}{1-e^{-s2\tau}}\frac{1}{s}(1-e^{-s\tau})^2 = \frac{1}{s}\frac{1-e^{-s\tau}}{1+e^{-s\tau}}$$ ■

例題 1.3

$t\sin at$ のラプラス変換を求めよ．

【解答】 $\sin at \xrightarrow[\mathcal{L}]{} \dfrac{a}{s^2+a^2}$

であるから，定理 1.4 より，

$$t\sin at \xrightarrow[\mathcal{L}]{} -\frac{d}{ds}\left(\frac{a}{s^2+a^2}\right) = \frac{2as}{(s^2+a^2)^2}$$ ■

1.7 インパルス関数とそのラプラス変換

ラプラス変換において，表関数 $f(t) = 1$（厳密には単位段関数 $u_1(t)$）の裏関数は $1/s$ であった．それでは逆に裏関数が $F(s) = 1$ となる表関数はどのようなものだろうか．これを導くために，まず図 1.8 (a) の単一方形波を考えよう．このラプラス変換は

$$F(s) = \frac{1}{\tau s}(1 - e^{-s\tau}) \tag{1.37}$$

で与えられる（前節の例題 1.1 参照）．図 1.8 (a) の単一方形波は面積が 1 であるが，これを保ったまま $\tau \to 0$ とすると，その波形は極限において図 1.8 (b) のようになる．このとき，$F(s)$ は

$$\begin{aligned}\lim_{\tau \to 0} F(s) &= \lim_{\tau \to 0} \frac{1}{\tau s}(1 - e^{-s\tau}) \\ &= \lim_{\tau \to 0} \frac{\dfrac{d}{d\tau}(1 - e^{-s\tau})}{\dfrac{d}{d\tau}\tau s} = \lim_{\tau \to 0} \frac{se^{-s\tau}}{s} = 1\end{aligned} \tag{1.38}$$

すなわち，1 に等しい．この極限の波形は

$$\delta(t) = \begin{cases} \infty & (t = 0) \\ 0 & (t \neq 0) \end{cases} \tag{1.39}$$

$$\int_{-\varepsilon}^{\varepsilon} \delta(t)dt = 1 \quad (\varepsilon > 0) \tag{1.40}$$

なる性質があり，**インパルス関数**あるいは**デルタ（$\boldsymbol{\delta}$）関数**と呼ばれている．

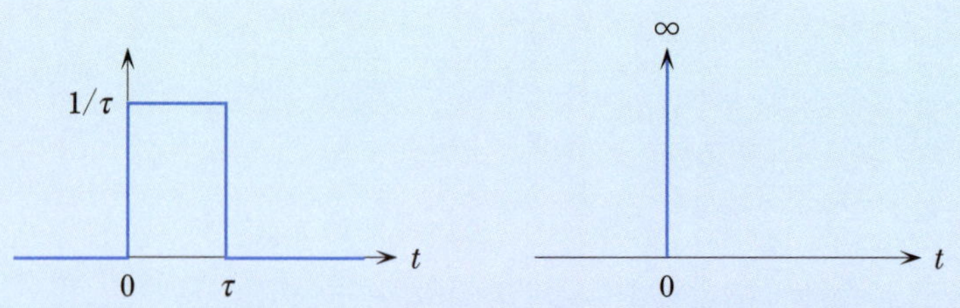

(a) 方形波　(b) インパルス関数

図 1.8 方形波とインパルス関数

上で述べたように，**インパルス関数 $\boldsymbol{\delta(t)}$ のラプラス変換は $\boldsymbol{F(s) = 1}$ である．**すなわち

$$\delta(t) \xrightarrow[\mathcal{L}]{} 1 \tag{1.41}$$

インパルス関数 $\delta(t)$ は，それ自体は連続な関数ではなく，数学的には極限として仮想的に考えるものである．しかし，それは第5章で詳しく論ずるように，線形システムを扱う上で極めて重要な役割を果たしている．

このインパルス関数には次の性質がある．すなわち，関数 $f(t)$ が $t = \tau$ で連続であるとき

$$\int_{-\infty}^{\infty} f(t)\delta(t-\tau)dt = f(\tau) \tag{1.42}$$

が成り立つ．これは次のようにして証明される．すなわち式 (1.42) の左辺の積分内は $t = \tau$ の近傍以外では値がすべて 0 になるから

$$\int_{-\infty}^{\infty} f(t)\delta(t-\tau)d\tau = \int_{\tau-\varepsilon}^{\tau+\varepsilon} f(t)\delta(t-\tau)d\tau \tag{$*$}$$

さらに，ε が小さいときは $f(t) \fallingdotseq f(\tau)$ となってほぼ定数とみなせるから

$$(*) \fallingdotseq f(\tau)\int_{\tau-\varepsilon}^{\tau+\varepsilon} \delta(t-\tau)d\tau = f(\tau)$$

となる．ここにインパルス関数の面積が 1 になることを用いている．

なお，インパルス関数 $\delta(t)$ を τ (> 0) だけずらした関数を $\delta(t-\tau)$，すなわち

$$\delta(t-\tau) = \begin{cases} \infty & (t = \tau) \\ 0 & (t \neq \tau) \end{cases} \tag{1.43}$$

とすると，そのラプラス変換は，前節の定理 1.6（t 軸上の移動定理）より

$$\delta(t-\tau) \xrightarrow[\mathcal{L}]{} e^{-s\tau} \tag{1.44}$$

となる．これは，ラプラス変換の定義式に $f(t) = \delta(t-\tau)$ を代入して式 (1.42) を適用することによっても導ける．すなわち，

$$\mathcal{L}[\delta(t-\tau)] = \int_0^{\infty} \delta(t-\tau)e^{-st}dt = e^{-s\tau}$$

1章の問題

□ **1** 次の関数のラプラス変換（裏関数）を求めよ．

(1) $e^{\alpha t}\sin\omega t$ と $e^{\alpha t}\cos\omega t$　　(2) $\sinh\alpha t$ と $\cosh\alpha t$

(3) $\dfrac{e^{\alpha t}\sin\beta t}{t}$　　(4) $f(t)=\begin{cases}\sin^2 t & (0\leq t\leq\pi)\\ 0 & (t<0, \pi<t)\end{cases}$

(5) $|\sin\omega t|$

(6)

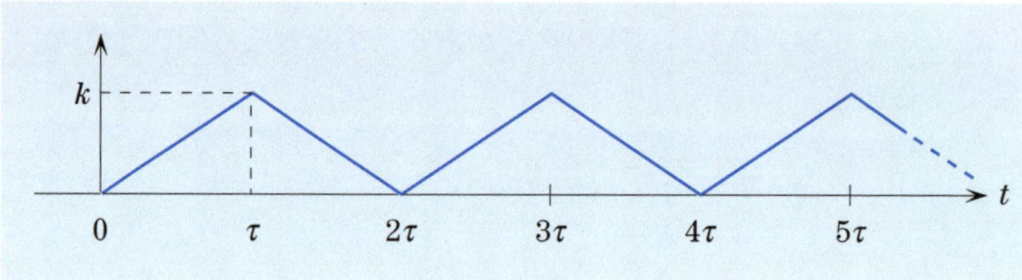

図 1.9

□ **2** ラプラス変換は定積分の計算にも応用できる．例えばラプラス変換の定義式に，

$s=0$ を代入すると，$\displaystyle\int_0^\infty f(t)dt=F(0)$

$s=\alpha$ を代入すると，$\displaystyle\int_0^\infty f(t)e^{-\alpha t}dt=F(\alpha)$

これを利用して次の定積分を求めよ．

(1) $\displaystyle\int_0^\infty t^n e^{-\alpha t}dt$

(2) $\displaystyle\int_0^\infty e^{-\alpha t}\cos\omega t\,dt$

(3) $\displaystyle\int_0^\infty \sin\alpha t\cosh\alpha t\,dt$

□ **3** $f(t)$ のラプラス変換が $F(s)$ であるとき，

(1) $\displaystyle\int_0^\infty \frac{f(t)}{t}dt=\int_0^\infty F(s)ds$ を示せ．

(2) $\displaystyle\int_0^\infty \frac{\sin at}{t}dt$　$(a>0)$ を求めよ．

2 ラプラス変換の数学的な補足

前章でラプラス変換の基礎を学んだ．手っ取り早くラプラス変換を応用したい読者にとって最小限必要な事項はおおよそ説明したつもりである．したがって，例えばすぐ微分方程式の解法を勉強したい場合は，直ちに次の第 **2** 部（ラプラス変換による微分方程式の解法）へ進んでかまわない．あるいは線形システムの解析に関心がある場合は，第 **3** 部（線形システムとラプラス変換）に進むこともできる．

しかし一方で，ラプラス変換の数学的な構造についてもう少し知りたい読者もいるかもしれない．そのような読者のために，この第 **2** 章ではラプラス変換の数学的な性質について若干の補足をしておこう．ただ，本書の冒頭のまえがきでも述べたように，本書は本格的な数学書であることを意図していないので，本章もまた数学的な厳密性よりもどちらかといえば直観的な説明が中心である．

なお，本章は，複素関数論についてのある程度の知識を前提に書かれている．くり返しになるが，複素関数論未修の読者は，本章をとばして，例えば次の微分方程式の解法へ進んで何らさしつかえない．

2 章で学ぶ概念・キーワード

- ラプラス変換の収束性
- 複素積分としてのラプラス逆変換
- ラプラス変換とフーリエ変換の関係
- 両側ラプラス変換への拡張

2.1 ラプラス変換の収束性

ラプラス変換は t に関する無限積分の形で定義されているから，その積分が収束するための条件が必要になる．

まず，前章の 1.2 節で説明した簡単な関数について，どのような条件が必要であったかを思い出してみよう．

例えば，単位段関数 $u_1(t)$ の場合は $F(s) = 1/s$ となり，収束の条件は $\mathrm{Re}(s) > 0$ であった．また，指数関数 $e^{\alpha t}$ の場合は $F(s) = 1/(s-\alpha)$ となり，$\mathrm{Re}(s) > \alpha$ が収束の条件となった．他の例も同様であった．

これより，ある実数 α があって，$\mathrm{Re}(s) > \alpha$ がひとつの収束の条件になるのではないかと推測される．これは s を定義域とする複素平面（s 平面という）でみると，$\mathrm{Re}(s) = \alpha$ を表す直線 L の右側部分に相当している（図 2.1）．

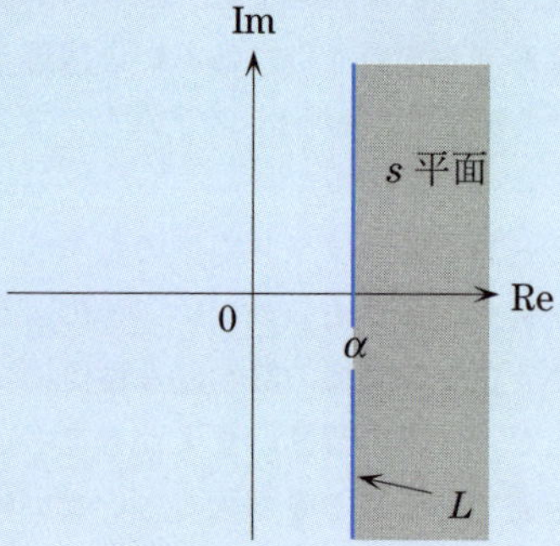

図 2.1 収束域

数学的には，これをもう少し厳密に論じている．ここではその結論のみを証明なしで定理の形で示しておくことにする．

定理 2.1（ラプラス変換の収束性）

関数 $f(t)$ の不連続点が有限個であり（注 1），かつ

$$|f(t)| < Me^{\alpha t} \quad (M > 0)$$

となる有限の M，α が存在するとき，ラプラス変換は $\mathrm{Re}\,(s) > \alpha$ なる s 平面上の領域で絶対収束する．

注意1　このような関数は区分的連続であるといわれる．□

この定理は，$f(t)$ が $t \to \infty$ のときに発散するような関数であっても，その発散のしかたがたかだか指数関数の程度であれば，ラプラス変換の積分が絶対収束する s の領域があることを主張している．ここに絶対収束とは，$\mathrm{Re}\,(s) = \sigma$ とおいて

$$\left|\int_{t_1}^{t_2} f(t)e^{-st}dt\right| \le \int_{t_1}^{t_2} \left|f(t)e^{-st}\right| dt = \int_{t_1}^{t_2} |f(t)|e^{-\sigma t}dt \tag{2.1}$$

の右辺が $t_1 \to 0$，$t_2 \to \infty$ のときに収束することを意味している．

なお，ラプラス変換の結果得られた裏関数 $F(s)$ は，関数としては $\mathrm{Re}\,(s) > \alpha$ 以外の領域でも値をもつことが多い．例えば，単位段関数 $u_1(t)$ の裏関数 $F(s) = 1/s$ は，$s = 0$ を除く全ての領域で有限な値をもち，複素関数論的にいえば正則である．

一般に，ラプラス変換の収束領域で定義された裏関数の正則性は，必ずしもその収束領域に限られるわけでない．複素関数論によれば，正則な定義域は解析接続と呼ばれる数学的な操作によって，関数の特異点を除く全平面に拡張される．$F(s) = 1/s$ の場合は $s = 0$ が特異点（極）であり，それ以外の全平面で正則な関数として $F(s)$ が定義されている．したがって，実用上は，ラプラス変換の収束領域はあまり気にする必要はなく，$F(s)$ をそのまま正則な複素関数として扱ってかまわないのである．

2.2 ラプラス逆変換

ラプラス変換

$$F(s) = \int_0^\infty f(t)e^{-st}dt \tag{2.2}$$

の逆変換，すなわち《裏関数 $F(s)$ から表関数 $f(t)$ にもどすための操作》は，数式的には次のような Bromwich–Wagner の積分で定義される．

$$\begin{aligned}\mathcal{L}^{-1}[F(s)] &= f(t)\\ &= \frac{1}{2\pi j}\int_C F(s)e^{st}ds \quad (t>0)\end{aligned} \tag{2.3}$$

ただし積分路 C は，$F(s)$ の全ての特異点の右側（注 2）に図 2.2 (a) のようにとるものとする．

注意2　この領域は前節で述べたラプラス変換の収束領域に相当している．□

式 (2.3) は，複素平面上で $F(s)e^{st}$ を虚軸に平行な直線 C に沿って積分することを意味している．この積分は，複素関数論における「Jordan の補助定理」を用いて同図 (b) のような閉路積分に変換することができる．そして，(b) の閉路積分は，複素関数論における「留数定理」を適用することによって，比較的容易に計算される．

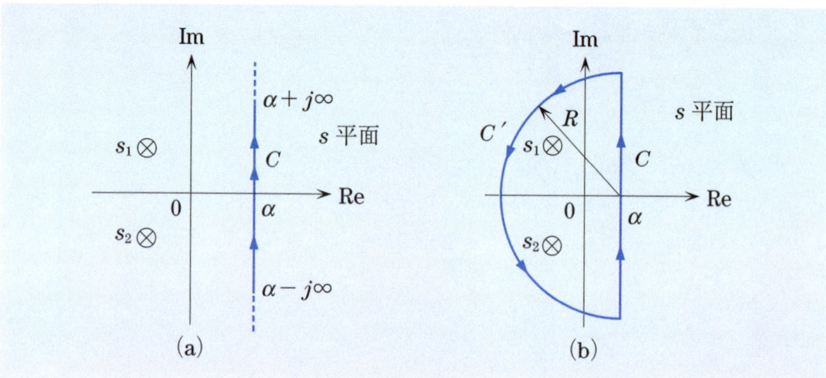

図 2.2　ラプラス逆変換のための積分路

これをもう少し詳しく説明しよう．

図 2.2 の (b) のように積分路 C（直線）と C'（半径 R の半円）をとり，半径 $R \to \infty$ とする．このとき，$F(s)e^{st}$ の特異点 $s_1, \cdots, s_n$ は全て閉曲線 $C + C'$ の内部に含まれるから，複素関数論における留数定理によって

$$\int_C F(s)e^{st}ds + \int_{C'} F(s)e^{st}ds = 2\pi j \sum_{k=1}^{n} \mathrm{Res}[F(s)e^{st}, s_k] \tag{2.4}$$

が成り立つ．ここに，$\mathrm{Res}[F(s)e^{st}, s_k]$ は，$F(s)e^{st}$ の特異点（極）s_k における留数である．

ここで，Jordan の補助定理を適用することにより，$|F(s)| \to 0$ $(|s| \to \infty)$ ならば半径 $R \to \infty$ のときに

$$\int_{C'} F(s)e^{st}ds = 0 \quad (t > 0,\ R \to \infty) \tag{2.5}$$

すなわち，式 (2.4) の第 2 項は 0 となり，結局ラプラス変換は次式で計算できることになる．

$$\begin{aligned} f(t) &= \frac{1}{2\pi j}\int_C F(s)e^{st}ds \\ &= \sum_{k=1}^{n} \mathrm{Res}[F(s)e^{st}, s_k] \end{aligned} \tag{2.6}$$

この式は，表関数 $f(t)$ が，$F(s)e^{st}$ の特異点（極）における留数（これは t の関数となる）の和として計算できることを意味している．

例題 2.1

$$F(s) = \frac{1}{s+a} \quad (a > 0)$$

の逆変換を求めよ．

【解答】 $F(s)$ の特異点は $s = -a$ で 1 位の極．

$$\begin{aligned} &\mathrm{Res}[F(s)e^{st}, -a] \\ &= \lim_{s \to -a}(s+a)F(s)e^{st} \\ &= \lim_{s \to -a} e^{st} \\ &= e^{-at} \end{aligned}$$

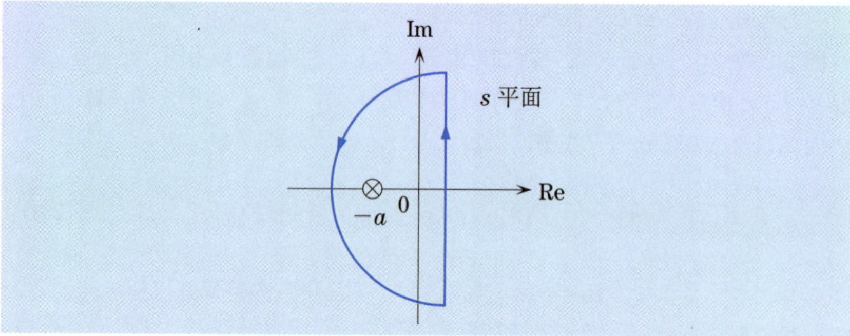

図 2.3　積分路と特異点 $s = -a$

ゆえに,

$$\begin{aligned} f(t) &= \mathcal{L}^{-1}\left[\frac{1}{s+a}\right] \\ &= e^{-at} \quad (t > 0) \end{aligned}$$

■

参考　複素関数 $F(s)$ の 1 位の極において

$$k = \lim_{s \to s_0} (s - s_0) f(s)$$

が有限確定ならば,

$$\mathrm{Res}[F(s), s_0] = k$$

である.　□

2.3　ラプラス変換とフーリエ変換の関係

フーリエ変換は，よく知られているように，ある条件を満たす時間信号 $f(t)$ に対し，

$$F(j\omega) = \int_{-\infty}^{\infty} f(t)e^{-j\omega t}dt \tag{2.7}$$

で定義される．また，逆変換は，

$$f(t) = \frac{1}{2\pi}\int_{-\infty}^{\infty} F(j\omega)e^{j\omega t}d\omega \tag{2.8}$$

で与えられる．

t は時間を表し，ω は角周波数である．式 (2.7) の $F(j\omega)$ は角周波数 ω の関数となり，式 (2.8) より時間波形 $f(t)$ が $F(j\omega)$ という角周波数スペクトルを係数としてもつ複素正弦波 $e^{j\omega t}$ の和（積分）として作られていることがわかる．フーリエ変換では，式 (2.7) の積分が収束するための条件は，

$$\int_{-\infty}^{\infty} |f(t)|dt < \infty \tag{2.9}$$

である．

ここで，$f(t)$ が，$t < 0$ で $f(t) = 0$ であるとし，さらに，$f(t)$ に時間とともに指数関数的に減衰する関数をかけた $f(t)e^{-\sigma t}$ を，フーリエ変換の $f(t)$ におきかえてみると，

$$\begin{aligned} F(j\omega) &= \int_{-\infty}^{\infty} f(t)e^{-\sigma t}e^{-j\omega t}dt \\ &= \int_{-\infty}^{\infty} f(t)e^{-(\sigma+j\omega)t}dt \end{aligned} \tag{2.10}$$

したがって，$s = \sigma + j\omega$ とおけば

$$F(s) = \int_{0}^{\infty} f(t)e^{-st}dt \tag{2.11}$$

となる．これはラプラス変換の定義式にほかならない．

このように，フーリエ変換とラプラス変換には密接な関係がある．両者の主な違いは，積分が収束するために必要な $f(t)$ の条件である．フーリエ変換では，$f(t)$ は式 (2.9) を満たす必要があるのに対し，ラプラス変換では，減衰する指数関数 $e^{-\sigma t}$ をかけて関数の発散を抑えているので，

$$\int_0^{\infty} |f(t)e^{-\sigma t}|dt < \infty \tag{2.12}$$

を満たせばよい．これによって，フーリエ変換は定義できなくてもラプラス変換が存在する関数の範囲ははるかに広がっている．

別のいい方をすると，フーリエ変換は，複素平面の虚軸上（すなわち $j\omega$）でのみ定義されるのに対し，ラプラス変換は，複素平面の広い領域（$s = \sigma + j\omega$）で定義されているのである．

2.4　両側ラプラス変換

関数 $f(t)$ が，$f(t) = 0$ $(t < 0)$ で，しかも s 平面の虚軸上がラプラス変換の収束領域であるときは，ラプラス変換

$$F(s) = \int_0^{\infty} f(t)e^{-st}dt \tag{2.13}$$

において $s = j\omega$ とおいたものがフーリエ変換となる．その意味では，フーリエ変換はラプラス変換の特別な場合であるとも考えられる．

しかし一方で，フーリエ変換は $f(t)$, $-\infty < t < \infty$ の関数，すなわち $t < 0$ で値をもつ関数に対しても定義されている．したがって，本当にフーリエ変換をラプラス変換の特殊な場合として扱うためには，ラプラス変換そのものを $f(t)$, $-\infty < t < \infty$ なる関数に対しても適用できるように拡張しなければならない．それが両側ラプラス変換である．

両側ラプラス変換は，形式的には通常のラプラス変換（片側ラプラス変換と呼ぶこともある）の積分範囲を $-\infty < t < \infty$ におきかえたものである．すなわち

$$F(s) = \int_{-\infty}^{\infty} f(t)e^{-st}dt \tag{2.14}$$

その意味では大きな違いはないように見えるが，積分の収束範囲ははるかに厳

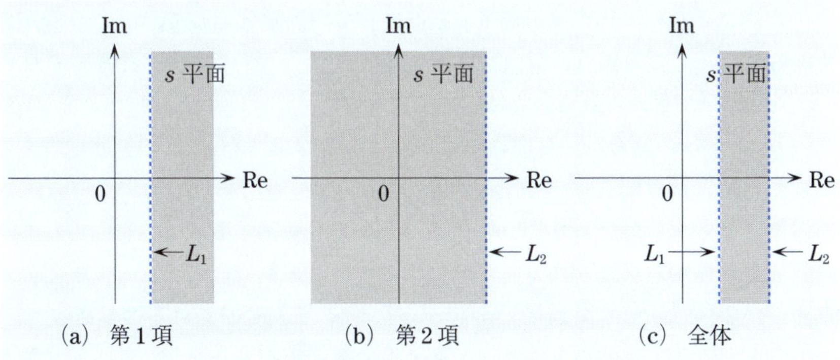

図 2.4　式 (2.15) の収束域

しくなっている．すなわち，式 (2.14) は，2 通りの無限積分

$$F(s) = \int_0^\infty f(t)e^{-st}dt + \int_{-\infty}^0 f(t)e^{-st}dt \tag{2.15}$$

の和であると考えられるから，これが両方とも収束しなければならない．結論をいえば，第 1 項は通常の片側ラプラス変換と同じであるから，その収束領域は図 2.4 (a) に示すように，s 平面上のある直線 L_1 の右側になる．一方，第 2 項は同じく s 平面上のある直線 L_2 の左側になる（図 2.4 (b)）．したがって，たまたま図 2.4 (c) のように L_2 が L_1 の右側にある場合に限って両者とも収束し，両側ラプラス変換が定義できることになる．

このように両側ラプラス変換は，関数 $f(t)$ にかなり厳しい条件が課せられるので，実用上はあまり使われない．しかし，このように拡張して考えることは通常の片側ラプラス変換の構造を理解する上で有益である．

両側ラプラス変換の逆変換は，形式的には片側ラプラス変換と同じように

$$f(t) = \frac{1}{2\pi j}\int_C F(s)e^{st}ds \tag{2.16}$$

で与えられる．ここに積分路 C は両側ラプラス変換の帯状の収束領域の内部にとるものとする．

問題はこの計算である．$t \geq 0$ と $t < 0$ の場合にわけて計算する必要がある．

まず $t \geq 0$ の場合は，式 (2.15) の右辺第 1 項に相当する逆変換を行えばよく，これは片側ラプラス変換と同じになる．したがって，s 平面において直線 C の左側に新たに半円の積分路 C_1 を追加して周回積分として，C よりも左側にある $F(s)e^{st}$ の特異点の留数計算をすればよい．それによって表関数 $f(t)$ の $t \geq 0$ の部分が求められる．

一方，$t < 0$ の場合は，時間の符号が逆になるから，Jordan の補助定理を適用するために付け加えるべき半円の積分路 C_2 は，図 2.5 (b) のように直線 C の右側になる．したがってこの場合は，C よりも右側にある $F(s)e^{st}$ の特異点の留数を計算する必要があり，これによって，表関数 $f(t)$ の $t < 0$ の部分が求められる．こうして関数 $f(t)$, $-\infty < t < \infty$ が逆変換されるのである．

このようにして，両側ラプラス変換と逆変換が定義されたが，ここで注意が必要である．それは両側ラプラス変換では，裏関数 $F(s)$ が与えられても必ず

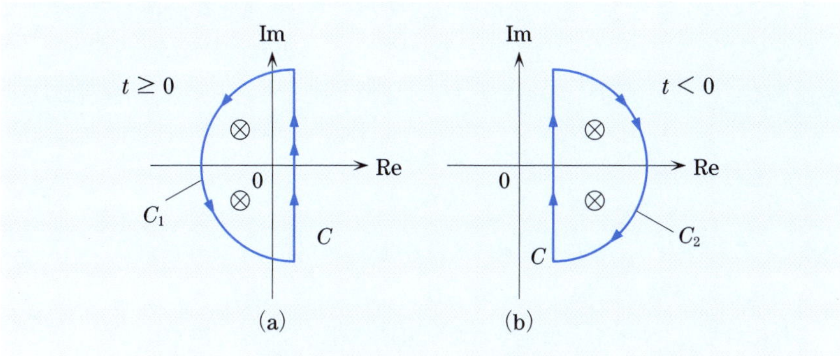

図 2.5 両側ラプラス変換の計算

しも一意に逆変換できないことである．必ずその変換が，どの収束領域で定義されているものであるか指定しなければならない．

これを例題によって説明してみよう．

例題 2.2

$$F(s) = \frac{a}{s} + \frac{b}{s+1} + \frac{c}{s-1}$$

を両側ラプラス逆変換せよ．

【解答】 $F(s)$ には特異点（極）が $s=-1$，$s=0$，$s=1$ の 3 点あり，特異点を含まない帯状の領域内に定義される積分路は図 2.6 に示すように 4 通りあり得る．

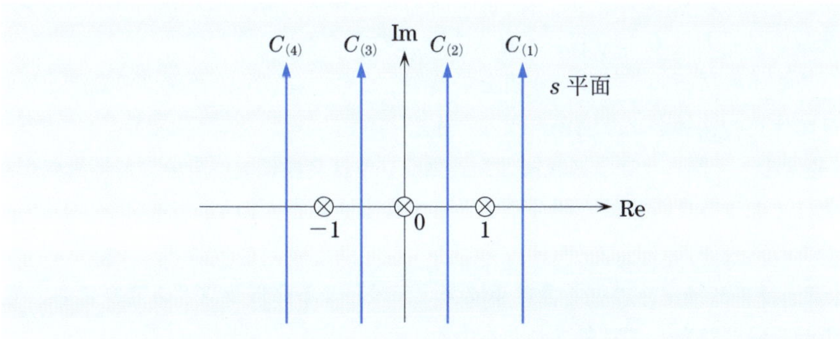

図 2.6 例題 2.2 における可能な積分路

まず，$s=1$ よりも右側の領域を収束域としてもともとの変換が定義されていたと仮定すると，ここに逆変換の積分路 $C_{(1)}$ をとれば特異点は全て $C_{(1)}$ の左側にくる．これは通常の片側ラプラス変換と同じであるから，表関数は

$$f(t)=\begin{cases} a+be^{-t}+ce^{t} & (t\geq 0) \\ 0 & (t<0) \end{cases}$$

となる．ここに，$C_{(1)}$ よりも右側には特異点はないから，$t<0$ において $f(t)=0$ となることは当然である．

これに対して，もともと仮定された収束域に対応して積分路 $C_{(2)}$，$C_{(3)}$，$C_{(4)}$ をとったときは，$t<0$ においても $f(t)$ は値をもち，それぞれの積分路に対して異なる結果となる．

すなわち

- $C_{(2)}$ のときは $f(t)=\begin{cases} a+be^{-t} & (t\geq 0) \\ -ce^{t} & (t<0) \end{cases}$
- $C_{(3)}$ のときは $f(t)=\begin{cases} be^{-t} & (t\geq 0) \\ -a-ce^{t} & (t<0) \end{cases}$
- $C_{(4)}$ のときは $f(t)=\begin{cases} 0 & (t\geq 0) \\ -a-be^{-t}-ce^{t} & (t<0) \end{cases}$ ■

この例題からも明らかなように，**両側ラプラス変換では積分路よりも左側にある特異点が $f(t)$ の $t\geq 0$ の部分を与え，右側にある特異点が $t<0$ の部分を与える．これに対して，片側ラプラス変換では，全ての特異点が左側にくるように積分路 C を必ずとっていたので，逆変換が一意に定まり，しかもその表関数は必ず $t<0$ で $f(t)=0$ となったのである．**

このように両側ラプラス変換を定義することによって，ラプラス変換とフーリエ変換の関係がより明解になる．すなわち，

「通常の（片側）ラプラス変換は，両側ラプラス変換において全ての特異点が左側にくるように収束域と積分路をとって定義されたもの」

であり，一方

「フーリエ変換は，虚軸を含む領域が収束域となる両側ラプラス変換において，虚軸を積分路として定義されたもの」

である．

したがって，フーリエ変換においては，虚軸上の $s = j\omega$ が定義域となっているから，その変換は，両側ラプラス変換の式 (2.14) に $s = j\omega$ を代入した

$$F(j\omega) = \int_{-\infty}^{\infty} f(t)e^{-j\omega t}dt \tag{2.17}$$

となっており，逆変換は，式 (2.16) より

$$\begin{aligned} f(t) &= \frac{1}{2\pi j}\int_{-j\infty}^{j\infty} F(j\omega)e^{j\omega t}d(j\omega) \\ &= \frac{1}{2\pi}\int_{-\infty}^{\infty} F(j\omega)e^{j\omega t}d\omega \end{aligned} \tag{2.18}$$

となる．

一般に，$F(s)$ において右半面内（虚軸よりも右側）に特異点がある場合は，その特異点に対応する表関数 $f(t)$ は，$F(s)$ を（片側）ラプラス変換の結果であるとみなした場合は，$t > 0$ で発散する関数となる．これに対して，$F(s)$ を $s = j\omega$ とおいてフーリエ変換の結果であるとみなした場合は，$f(t)$ は $t < 0$ に値をもつ関数となる．

例題 2.3

$$F(j\omega) = \frac{1}{1+\omega^2}$$

のフーリエ逆変換を求めよ．

【解答】　$F(j\omega)$ を両側ラプラス変換とみなすと，$s^2 = (j\omega)^2 = -\omega^2$ より

$$\begin{aligned} F(s) &= \frac{1}{1-s^2} = \frac{1}{(1-s)(1+s)} \\ &= \frac{1}{2}\left(\frac{1}{s+1} - \frac{1}{s-1}\right) \end{aligned}$$

となるから，この逆変換は次式で与えられる．

$$f(t) = \begin{cases} \dfrac{1}{2}e^{-t} & (t \geq 0) \\ \dfrac{1}{2}e^{t} & (t < 0) \end{cases}$$

■

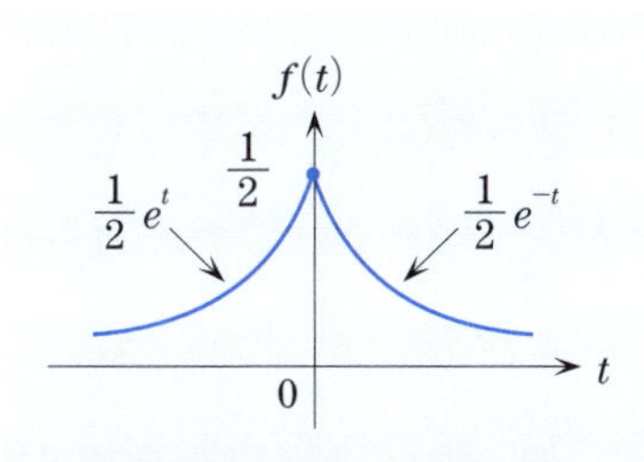

図 2.7　例題 2.3 の解

2章の問題

□**1**　次の関数がラプラス変換の収束性の条件を満たすか調べよ．

(1)　$e^{\sqrt{t}}$

(2)　$e^{t \ln t}$　(ln は自然対数)

(3)　$\dfrac{\sin at}{t}$

□**2**　次の $F(s)$ のラプラス逆変換を留数を用いて求めよ．

(1)　$\dfrac{b}{(s+a)^2+b^2}$　$(\mathrm{Re}\,(s) > -a)$

(2)　$\dfrac{s^2+s+1}{s^3+s^2+s+1}$　$(\mathrm{Re}\,(s) > 0)$

(3)　$\dfrac{1-e^{\tau s}}{s}$　$(\tau > 0,\ \mathrm{Re}\,(s) > 0)$

□**3**　次の問に答えよ．

(1)　図に示す関数のラプラス変換を求めよ．

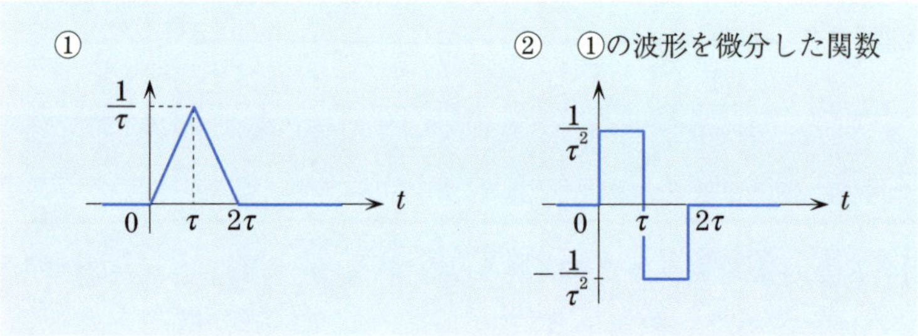

図 2.8

(2)　① および ② において，$\tau \to 0$ としたときの極限を求めよ．

第2部
ラプラス変換による微分方程式の解法

3 定係数線形常微分方程式の解法

ラプラス変換を用いれば，定係数の線形常微分方程式，同じく連立線形常微分方程式，積分を含む微積分方程式，さらには偏微分方程式などを極めて系統的に解くことができる．これこそがラプラス変換の最大の醍醐味である．

本章では，定係数線形常微分方程式の解法を説明する．

まず簡単な例を示すことによって，ラプラス変換を用いた微分方程式の解法の考え方を解説する．そこでは，ラプラス変換することにより，微分方程式を（s に関する）代数方程式として扱えるようになることが示される．したがって，その代数方程式を解けば，解のラプラス変換形（裏関数）が求められる．

最後のステップは，この裏関数をラプラス逆変換して解を求めることである．工学的な応用問題では，この裏関数は有理関数（多項式の比）の形をしていることが多い．その場合は，裏関数を部分分数展開という手法によって，簡単な関数の和の形にしてからラプラス逆変換する方法が有効である．この手法はヘビサイドの展開定理と呼ばれている．本章では，部分分数に展開したときの展開係数の求め方も，あわせて解説する．

3章で学ぶ概念・キーワード

- ラプラス変換を用いた微分方程式の記述
- 定係数線形常微分方程式の一般的な解法
- 裏関数の部分分数展開（ヘビサイドの展開定理）
- 展開係数の求め方

3.1　簡単な例題

ラプラス変換を用いた微分方程式の解法の一般論はあとまわしにして，まずは簡単な例題を解いてみよう．

例題 3.1

次の微分方程式をラプラス変換法で解け．

$$L\frac{di}{dt}+Ri=E_0u_1(t) \tag{3.1}$$

ただし，$u_1(t)$ は単位段関数であり，$i(t)$ の初期値を $i(0_+)$ とする．

【解答】　微分方程式を解く第1段階は，式 (1.18) のラプラス変換形を求めることである．

すなわち

$$\mathcal{L}[i(t)]\equiv I(s) \tag{3.2}$$

とおけば，式 (1.18) より

$$\mathcal{L}\left[L\frac{di}{dt}\right]=L\{sI(s)-i(0_+)\},\quad \mathcal{L}[Ri]=RI(s)$$

であるから，線形性を考慮して，式 (3.1) の左辺のラプラス変換は次の式で与えられる．

$$\mathcal{L}\left[L\frac{di}{dt}+Ri\right]=L\{sI(s)-i(0_+)\}+RI(s)$$

一方，右辺は式 (1.5) より

$$\mathcal{L}[E_0u_1(t)]=E_0\frac{1}{s}$$

である．こうして，式 (3.3) のようなラプラス変換形が求められる．

$$L\{sI(s)-i(0_+)\}+RI(s)=\frac{E_0}{s} \tag{3.3}$$

第2段階は，式 (3.3) を $I(s)$ について代数的に解くことである．すなわち式

(3.3) を変形すると

$$I(s) = \frac{E_0}{s(sL+R)} + \frac{Li(0_+)}{sL+R}$$
$$= \frac{E_0}{L}\frac{1}{s\left(s+\frac{1}{\tau}\right)} + \frac{i(0_+)}{s+\frac{1}{\tau}} \tag{3.4}$$

ただし，$\tau = \dfrac{L}{R}$

が得られる．

最後の第 3 段階は，$I(s)$ の表関数 $i(t)$ を求めることである．

まず，初期値に関係する右辺第 2 項のラプラス逆変換は，式 (1.6) を用いて直ちに求められる．

$$\mathcal{L}^{-1}\left[\frac{i(0_+)}{s+\frac{1}{\tau}}\right] = i(0_+)e^{-\frac{t}{\tau}} \tag{3.5}$$

一方，右辺の第 1 項のラプラス逆変換は次のように部分分数展開を用いて求められる．すなわち

$$\frac{1}{s\left(s+\frac{1}{\tau}\right)} = \tau\left(\frac{1}{s} - \frac{1}{s+\frac{1}{\tau}}\right) = \frac{L}{R}\left(\frac{1}{s} - \frac{1}{s+\frac{1}{\tau}}\right)$$

であるから，ラプラス変換の線形性を用いて次式を得る．

$$\mathcal{L}^{-1}\left[\frac{E_0}{L}\frac{1}{s\left(s+\frac{1}{\tau}\right)}\right] = \frac{E_0}{L}\frac{L}{R}\left\{\mathcal{L}^{-1}\left[\frac{1}{s}\right] - \mathcal{L}^{-1}\left[\frac{1}{s+\frac{1}{\tau}}\right]\right\}$$
$$= \frac{E_0}{R}(1-e^{-\frac{t}{\tau}}) \tag{3.6}$$

こうして，式 (3.5) と式 (3.6) より，$I(s)$ のラプラス逆変換

$$i(t) = \mathcal{L}^{-1}[I(s)]$$
$$= \frac{E_0}{R}(1-e^{-\frac{t}{\tau}}) + i(0_+)e^{-\frac{t}{\tau}} \quad \left(\tau = \frac{L}{R}\right) \tag{3.7}$$

が求められた．これが微分方程式 (3.1) の，初期条件を考慮した解である．■

3.2 定係数線形常微分方程式の一般的な解法

前節に述べた例を振り返りながら，定係数線形常微分方程式

$$a_n \frac{d^n g}{dt^n} + a_{n-1} \frac{d^{n-1} g}{dt^{n-1}} + \cdots + a_0 g = f(t) \tag{3.8}$$

の一般的な解法をまとめてみよう．ただし式 (3.8) において，a_n，a_{n-1}，$\cdots$，a_0 は全て実定係数とする．また，$g(t)$ およびその導関数の初期値を $g(0_+)$，$g'(0_+)$，$\cdots$，$g^{(n-1)}(0_+)$ とする．

式 (3.8) の形の微分方程式は，線形システムの表現式としても重要である．このとき，右辺の $f(t)$ をこのシステムの**駆動関数**（または，励振関数）と呼び，$g(t)$ をシステムの**応答関数**と呼ぶことがある．

さて，式 (3.8) のラプラス変換法による解き方は次の3つの段階にわけられる．

ラプラス変換法による解き方

第1段階 まず，導関数のラプラス変換に関する公式 (1.19) および線形性を用いて，方程式 (3.8) のラプラス変換形を求める．これは，目的とする応答関数 $g(t)$ の裏関数を $G(s)$ とおいて，次のように表される．

$$K(s)G(s) - K_0(s) = F(s) \tag{3.9}$$

ここに，$F(s)$ は駆動関数 $f(t)$ の裏関数，$K(s)$ は微分方程式の係数のみによって定まる多項式

$$K(s) = a_n s^n + a_{n-1} s^{n-1} + \cdots + a_1 s + a_0 \tag{3.10}$$

である．また，$K_0(s)$ は $g(t)$（およびその導関数）の初期値に関する項で，一般に次式によって与えられる．

$$\begin{aligned} K_0(s) = a_n\{&s^{n-1}g(0_+) + s^{n-2}g'(0_+) + s^{n-3}g''(0_+) \\ &+ \cdots + g^{(n-1)}(0_+)\} \\ &+ a_{n-1}\{s^{n-2}g(0_+) + s^{n-3}g'(0_+) \\ &+ \cdots + g^{(n-2)}(0_+)\} \\ &+ \cdots\cdots \\ &+ a_1\{g(0_+)\} \end{aligned} \tag{3.11}$$

第 2 段階 次に式 (3.9) を $G(s)$ について解いて

$$G(s) = \frac{F(s)}{K(s)} + \frac{K_0(s)}{K(s)} \tag{3.12}$$

を計算する．これは代数的な演算であるから一般に簡単である．

式 (3.12) において駆動関数 $f(t) = 0$ のときは，$F(s) = 0$ となるから，$G(s)$ は右辺の第 2 項のみとなる．したがって，第 2 項 $K_0(s)/K(s)$ は系の固有応答（すなわち同次方程式の一般解）の裏関数になる．これに対して，システムの初期値が全て 0 のときは，$K_0(s) = 0$ となり $G(s)$ は右辺の第 1 項のみとなる．したがって，式 (3.12) の第 1 項 $F(s)/K(s)$ は，このシステムの駆動関数 $f(t)$ に対する応答（すなわち非同次方程式の特解）の裏関数にほかならない．

第 3 段階 最後に式 (3.12) の $G(s)$ に対してラプラス逆変換を施せば，目的とする応答関数 $g(t)$ が求められる．そのためには，第 2 章の式 (2.3) で与えられた複素積分を直接実行してもよいし，また関数変換表が完備している場合には，それを《参照する》だけでもよい．

さらに，工学の多くの応用問題では，$G(s)$ が有理関数（2 つの多項式の比の形）であることが多く，その場合には，3.3 節で述べるヘビサイドの展開定理が有効な手段となる．

図 3.1 は，上記の手順を図式的に表現したものである．このように微分方程式を s 領域（裏関数領域）に変換してから解を求める方法は，直接解法に比べて一見まわりくどいように思われるかもしれない．しかし，この方法によれば，《微分方程式が代数方程式に変換される》ため，こみいった問題に対しては，直接解法よりもはるかに簡単にかつ系統的に解を求めることができる．また,《微分方程式のラプラス変換形において初期条件が自動的に考慮されている》こともラプラス変換法の特徴である．

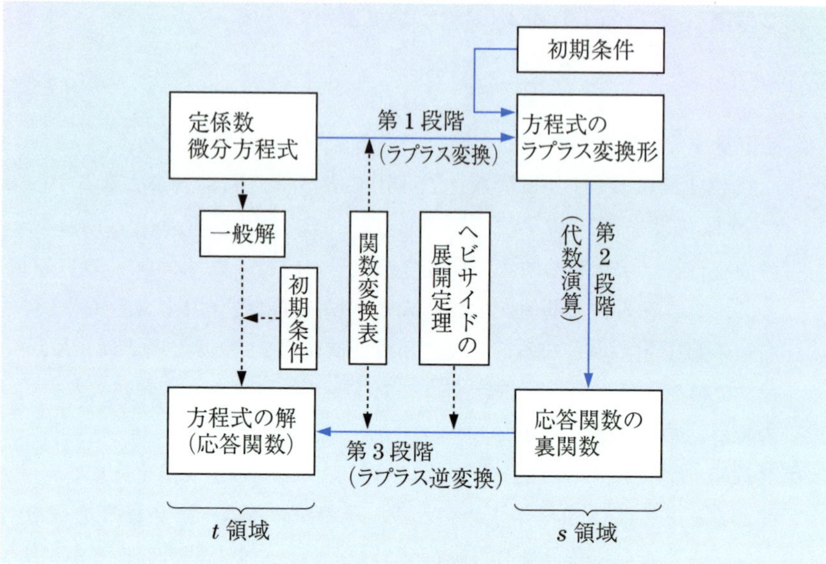

図 3.1 ラプラス変換による微分方程式の解法の流れ

3.3 ヘビサイドの展開定理

前節で述べたように，目的とする応答関数 $g(t)$ の裏関数 $G(s)$ は，一般に次式で与えらえる．

$$G(s) = \frac{F(s)}{K(s)} + \frac{K_0(s)}{K(s)} \tag{3.12$'$}$$

ここに，$K(s)$ と $K_0(s)$ は，式 (3.10) と式 (3.11) からわかるように，s に関する実係数多項式である．また，$F(s)$ についても，やはり s に関する有理関数（2 つの多項式の比の形）になることが多い．もちろん，有理関数にならない裏関数も数多く存在する（例えば，1.5 節の定理 1.10 で計算される周期関数のラプラス変換）．しかし，実用上ひんぱんに現れる駆動関数 $f(t)$ については，その裏関数が有理関数になることが多い．

このことは，式 (3.12) で与えられた，$G(s)$ もまた，多くの場合，有理関数になることを意味している．すなわち，$P(s)$ と $Q(s)$ を s に関する異なる多項式とすれば，$G(s)$ は，

$$G(s) = \frac{P(s)}{Q(s)} = \frac{B_m s^m + B_{m-1}s^{m-1} + \cdots + B_1 s + B_0}{A_n s^n + A_{n-1}s^{n-1} + \cdots + A_1 s + A_0} \tag{3.13}$$

の形に書き表し得ることが多いのである．以下で述べる**ヘビサイドの展開定理**は，このような有理関数について，そのラプラス逆変換の一般形を与えるものである．

さて，式 (3.13) の分母 $Q(s)$ は s に関する多項式であるから，$Q(s) = 0$ の根 $s_1, \cdots, s_n$ を用いて，次の形の因数分解が可能である．

$$Q(s) = A_n(s - s_1)(s - s_2)\cdots(s - s_n) \tag{3.14}$$

そこで，この因数分解をもとにして，$G(s)$ を部分分数に展開してみよう．これには，次の 4 通りの場合が考えられる．

[1] $Q(s)$ の根が全て単根でしかも実数である場合

この場合は，次のように展開される．

$$G(s) = \frac{P(s)}{A_n(s-s_1)(s-s_2)\cdots\cdots(s-s_n)}$$
$$= \frac{K_1}{s-s_1} + \frac{K_2}{s-s_2} + \cdots + \frac{K_n}{s-s_n} = \sum_{j=1}^{n} \frac{K_j}{s-s_j} \tag{3.15}$$

したがって，このラプラス逆変換は，線形性を考慮して次のように与えられる．

$$g(t) = \mathcal{L}^{-1}[G(s)] = \mathcal{L}^{-1}\left[\sum_{j=1}^{n} \frac{K_j}{s-s_j}\right]$$
$$= \sum_{j=1}^{n} K_j \mathcal{L}^{-1}\left[\frac{1}{s-s_j}\right] = \sum_{j=1}^{n} K_j e^{s_j t} \tag{3.16}$$

なお，式 (3.15) の部分分数展開において，$P(s)$ の s に関する最高次数は $Q(s)$ のそれよりも小さいものと仮定している．もしそうでない場合は，あらかじめ割算を行って

$$G(s) = C_0 + C_1 s + \cdots + C_k s^k + \frac{P_1(s)}{Q(s)} \tag{3.17}$$

の形に変形しておき，$P_1(s)/Q(s)$ に対して上記の部分分数展開を行えばよい．これは［2］以下についても同様である．

なお，s^k に対応する表関数は「**特異関数**」といわれるものになる．例えば $s^0 = 1$ の表関数は単位段関数（ステップ関数）$u_1(t)$ を微分して得られるインパルス関数（デルタ関数）$u_0(t) = \delta(t)$ である．

［2］$Q(s)$ が複素数の単根をもつ場合

実係数の多項式 $Q(s)$ が複素根 $\alpha + j\omega$ をもつ場合は，必ずその共役複素数 $\alpha - j\omega$ も根の中に含まれている．したがって，この場合は次の形になる．

$$G(s) = \frac{P(s)}{Q_2(s)\{s-(\alpha+j\omega)\}\{s-(\alpha-j\omega)\}}$$
$$= \frac{P(s)}{Q_2(s)\{(s-\alpha)^2+\omega^2\}}$$
$$= \frac{as+b}{(s-\alpha)^2+\omega^2} + [Q_2(s)\text{ の根に関係する項の和}]$$
$$= a\frac{s-\alpha}{(s-\alpha)^2+\omega^2} + \left(\frac{b+a\alpha}{\omega}\right)\frac{\omega}{(s-\alpha)^2+\omega^2}$$
$$+[Q_2(s)\text{ の根に関係する項の和}] \tag{3.18}$$

よって，この表関数は次式で与えられる．

$$g(t) = \mathcal{L}^{-1}[G(s)] = ae^{\alpha t}\cos\omega t + \frac{b + a\alpha}{\omega}e^{\alpha t}\sin\omega t + \cdots \tag{3.19}$$

[3] $Q(s)$ が実数の多重根をもつ場合

$s = s_1$ を $Q(s)$ の r 重根とすれば，次のような展開が可能である．

$$\begin{aligned} G(s) &= \frac{P(s)}{Q_3(s)(s - s_1)^r} \\ &= \frac{K_1'}{s - s_1} + \frac{K_2'}{(s - s_1)^2} + \cdots + \frac{K_r'}{(s - s_1)^r} \\ &\quad + [Q_3(s) \text{ に関係している項の和}] \end{aligned} \tag{3.20}$$

この表関数は，式 (1.13) より導かれるラプラス逆変換公式

$$\mathcal{L}^{-1}\left[\frac{1}{(s - s_1)^k}\right] = \frac{1}{(k - 1)!}t^{k-1}e^{s_1 t} \tag{3.21}$$

を用いて，次のように求められる．

$$\begin{aligned} g(t) &= \mathcal{L}^{-1}[G(s)] \\ &= \left\{K_1' + K_2't + \frac{K_3'}{2!}t^2 + \cdots + \frac{K_r'}{(r - 1)!}t^{r-1}\right\}e^{s_1 t} + \cdots \end{aligned} \tag{3.22}$$

[4] $Q(s)$ が複素数の多重根をもつ場合

この場合は，一般に次のように展開される．

$$\begin{aligned} G(s) &= \frac{P(s)}{Q_0(s)\{(s - \alpha)^2 + \omega^2\}^r} \\ &= \frac{a_1 s + b_1}{(s - \alpha)^2 + \omega^2} + \frac{a_2 s + b_2}{\{(s - \alpha)^2 + \omega\}^2} + \cdots + \frac{a_r s + b_r}{\{(s - \alpha)^2 + \omega^2\}^r} + \cdots \end{aligned} \tag{3.23}$$

この右辺第 1 項の表関数については，[2] と同じであるから問題はない．一方，右辺第 2 項の表関数は，ラプラス変換対

$$\frac{1}{\{(s - \alpha)^2 + \omega^2\}^2} \xrightarrow[\mathcal{L}^{-1}]{} \frac{1}{2\omega^2}e^{\alpha t}(\sin\omega t - \omega t\cos\omega t) \tag{3.24}$$

$$\frac{s - \alpha}{\{(s - \alpha)^2 + \omega^2\}^2} \xrightarrow[\mathcal{L}^{-1}]{} \frac{1}{2\omega}te^{\alpha t}\sin\omega t \tag{3.25}$$

を用いて，次のように与えられる．

$$\frac{a_2 s+b_2}{\{(s-\alpha)^2+\omega^2\}^2}=\frac{a_2(s-\alpha)}{\{(s-\alpha)^2+\omega^2\}^2}+\frac{b_2+a_2\alpha}{\{(s-\alpha)^2+\omega^2\}^2}$$

$$\xrightarrow[\mathcal{L}^{-1}]{}\frac{a_2}{2\omega}te^{\alpha t}\sin\omega t+(b_2+a_2\alpha)\frac{1}{2\omega^2}e^{\alpha t}(\sin\omega t-\omega t\cos\omega t)$$

$$=\left\{(b_2+a_2\alpha)\frac{1}{2\omega^2}+\frac{a_2}{2\omega}t\right\}e^{\alpha t}\sin\omega t-\left\{(b_2+a_2\alpha)\frac{1}{2\omega}t\right\}e^{\alpha t}\cos\omega t \tag{3.26}$$

一般に第 k 項の表関数はかなり複雑になるが，その形は

$$\frac{a_k s+b_k}{\{(s-\alpha)^2+\omega^2\}^k}\xrightarrow[\mathcal{L}^{-1}]{}(A_1{}'+A_2{}'t+\cdots+A_k{}'t^{k-1})e^{\alpha t}\sin\omega t$$

$$+\quad(B_2{}'t+\cdots+B_k{}'t^{k-1})e^{\alpha t}\cos\omega t \tag{3.27}$$

で与えられる．$A_k{}'$, $B_k{}'$ は α, ω, a_k, b_k によって決まる定数である．

こうして，式 (3.23) の $G(s)$ の表関数に関する次のような一般形が導かれる．

$$g(t)=\sum_{k=1}^{r}A_k{}''t^{k-1}e^{\alpha t}\sin\omega t+\sum_{k=2}^{r}B_k{}''t^{k-1}e^{\alpha t}\cos\omega t+[\text{他の項}] \tag{3.28}$$

以上，便宜上 [1]～[4] の場合にわけて述べたが，実際にはこれらが混合しているわけで，有理関数 $G(s)$ の表関数の一般形は次のように与えられる．

$$\begin{aligned}g(t)&=\textstyle\sum_1 K_j e^{s_j t}\\&\quad+\textstyle\sum_2 a_j e^{\alpha_j t}\cos\omega_j t+\sum_2\dfrac{b_j+a_j\alpha_j}{\omega_j}e^{\alpha_j t}\sin\omega_j t\\&\quad+\textstyle\sum_3\left\{K_1{}'+K_2{}'t+\dfrac{K_3'}{2!}t^2+\cdots+\dfrac{K_r{}'}{(r-1)!}t^{r-1}\right\}e^{s_j t}\\&\quad+\textstyle\sum_4(A_1{}''+A_2{}''t+\cdots+A_r{}''t^{r-1})e^{\alpha_j t}\sin\omega_j t\\&\quad+\textstyle\sum_4(B_2{}''t+\cdots+B_r{}''t^{r-1})e^{\alpha_j t}\cos\omega_j t\end{aligned} \tag{3.29}$$

ここに，Σ_1，Σ_2，Σ_3，Σ_4 はそれぞれを [1] ～ [4] における項に対応しており，これらの係数を系統的に求める手段も知られている（これについては次の 3.4 節で述べる）．有理関数 $G(s)$ の表関数に関する式 (3.29) をヘビサイドの**展開定理**という．

3.4　展開係数の求め方

次に，式 (3.29) の展開係数の具体的な求め方について述べよう．もちろん，$G(s)$ の関数形が単純であれば，未定係数を比較しても求められる．しかし，関数形が複雑になるにつれて，次に述べる手法が極めて有効になるであろう．

以下，例題によってこれを説明しよう．

[1] $\boldsymbol{Q(s)}$ の根が全て単根でしかも実数である場合

例題 3.2

$$G(s) = \frac{s+2}{s^2+4s+3} \tag{3.30}$$

を部分分数に展開し，表関数を求めよ．

【解答】　与式は次のように部分分数展開される．

$$G(s) = \frac{s+2}{(s+1)(s+3)} = \frac{K_1}{s+1} + \frac{K_2}{s+3}$$

そこで，まず係数 K_1 を求めてみよう．そのために，両辺に $s+1$ をかけると

$$(s+1)G(s) = \frac{s+2}{s+3} = K_1 + \frac{s+1}{s+3}K_2$$

したがって，この式で $s=-1$ とおけば K_1 が求められる．すなわち

$$K_1 = (s+1)G(s)|_{s=-1} = \frac{(-1)+2}{(-1)+3} = \frac{1}{2}$$

同様にして，$G(s)$ に $s+3$ をかけ，$s=-3$ とおくと，K_2 が求められる．

$$K_2 = (s+3)G(s)|_{s=-3} = \frac{(-3)+2}{(-3)+1} = \frac{1}{2}$$

こうして，$G(s)$ の部分分数展開

$$G(s) = \frac{1}{2}\left(\frac{1}{s+1} + \frac{1}{s+3}\right)$$

が求められた．よって，この表関数は次式で与えられる．

$$g(t) = \frac{1}{2}(e^{-t} + e^{-3t}) \tag{3.31}$$ ■

注意　$(s+1)G(s)|_{s=-1}$ は $(s+1)G(s)$ に $s=-1$ を代入することを表す．□

この例のように，実単根 s_j の因数が関係している項の係数 K_j は，一般に

$$K_j = (s - s_j)G(s)|_{s=s_j} \tag{3.32}$$

を計算することにより求められる．

［2］ $Q(s)$ が複素数の単根をもつ場合

例題 3.3

$$G(s) = \frac{s^2 + 6s + 5}{s(s^2 + 4s + 5)} \tag{3.33}$$

を部分分数に展開して，表関数を求めよ．

【解答】 分母に含まれている2次式は $s^2 + 4s + 5 = (s+2)^2 + 1$ と表されるから，共役複素根

$$s_1 = -2 + j, \quad s_2 = -2 - j$$

をもつ．よって，$G(s)$ は次のように部分分数展開されるはずである．

$$\begin{aligned} G(s) &= \frac{K_1}{s} + \frac{as + b}{(s+2)^2 + 1} \\ \text{（あるいは）} \quad &= \frac{K_1}{s} + \frac{K_2}{s + 2 - j} + \frac{K_3}{s + 2 + j} \end{aligned} \tag{3.34}$$

ここで，K_1 はもちろんのこと，K_2，K_3 についても，［1］で述べた式 (3.32) を用いて計算することができる．すなわち，

$$\begin{aligned} K_1 &= sG(s)|_{s=0} = \frac{5}{5} = 1 \\ K_2 &= (s + 2 - j)G(s)|_{s=-2+j} = -j \\ K_3 &= (s + 2 + j)G(s)|_{s=-2-j} = j \end{aligned}$$

ゆえに，

$$G(s) = \frac{1}{s} + \frac{-j}{s + 2 - j} + \frac{j}{s + 2 + j} = \frac{1}{s} + \frac{2}{(s+2)^2 + 1}$$

これにより，$G(s)$ の表関数は次のようになる．

$$g(t) = 1 + 2e^{-2t} \sin t \tag{3.35}$$ ■

なお，式 (3.34) における係数 a, b は直接次のようにして求めてもよい．すなわち，$G(s)$ を $(s+2)^2+1$ 倍して，$s=-2+j$ を代入すると

$$\{(s+2)^2+1\}G(s) = \frac{(s+2)^2+1}{s}K_1 + as + b$$

より

$$右辺 = \left.\frac{(s+2)^2+1}{s}K_1 + as + b\right|_{s=-2+j} = a(-2+j)+b$$

$$左辺 = \{(s+2)^2+1\}G(s)\big|_{s=-2+j} = \left.\frac{s^2+6s+5}{s}\right|_{s=-2+j} = 2$$

ゆえに，

$$a(-2+j)+b = 2$$

となるから両辺の実部と虚部を比較して，$a=0$, $b=2$ が得られる．

一般に，共役複素根 s_1，$\bar{s}_1$ に関する項の係数 K と K' は

$$\begin{cases} K = (s-s_1)G(s)|_{s=s_1} \\ K' = (s-\bar{s}_1)G(s)|_{s=\bar{s}_1} \end{cases} \tag{3.36}$$

より求められるが，この K と K' もまた互いに共役複素数になることが証明できる．

したがって，$K'=\bar{K}$ とおけば，

$$\begin{aligned}\frac{K}{s-s_1}+\frac{\bar{K}}{s-\bar{s}_1} &= \frac{K(s-\bar{s}_1)+\bar{K}(s-s_1)}{(s-s_1)(s-\bar{s}_1)} \\ &= \frac{(K+\bar{K})s-(K\bar{s}_1+\bar{K}s_1)}{(s-\alpha)^2+\omega^2} \\ &= \frac{as+b}{(s-\alpha)^2+\omega^2} \quad （ただし，s_1, \bar{s}_1 = \alpha \pm j\omega）\end{aligned} \tag{3.37}$$

となる．ここに係数

$$a = K+\bar{K}$$

$$b = -(K\bar{s}_1+\bar{K}s_1)$$

はいずれも実数である．

係数 a, b を直接求めたいときは，次のようにすればよい．すなわち，

$$G(s) = \frac{as+b}{(s-\alpha)^2+\omega^2} + G_1(s)$$

に対して，両辺に $(s-\alpha)^2+\omega^2$ をかけて $s=\alpha+j\omega$ を代入すると

$$\begin{aligned}&\{(s-\alpha)^2+\omega^2\}G(s)|_{s=\alpha+j\omega}\\ &= as+b+\{(s-\alpha)^2+\omega^2\}G(s)|_{s=\alpha+j\omega}\\ &= (a\alpha+b)+ja\omega\end{aligned}$$

したがって，この式の両辺の実部と虚部を比較すれば，a と b が求められる．

[3]　$Q(s)$ が実数の多重根をもつ場合

例題 3.4

$$G(s) = \frac{s^2+s+4}{(s+1)^3} \tag{3.38}$$

を部分分数に展開して，その表関数を求めよ．

【解答】　与式は次のように部分分数展開されるはずである．

$$G(s) = \frac{K_1{}'}{s+1} + \frac{K_2{}'}{(s+1)^2} + \frac{K_3{}'}{(s+1)^3} \tag{3.39}$$

この係数は次のようにして求められる．すなわち，両辺に $(s+1)^3$ をかけると

$$\begin{aligned}(s+1)^3G(s) &= s^2+s+4\\ &= K_1{}'(s+1)^2+K_2{}'(s+1)+K_3{}'\end{aligned} \tag{3.40}$$

したがって，この式で $s=-1$ とおけば，係数

$$K_3{}' = (s+1)^3G(s)|_{s=-1} = (-1)^2+(-1)+4 = 4$$

が得られる．次に式 (3.40) を s について一度微分すると

$$\frac{d}{ds}\{(s+1)^3G(s)\} = 2s+1 = 2K_1{}'(s+1) + K_2{}' \tag{3.41}$$

この式で $s=-1$ とおくと，係数

$$K_2{}' = \frac{d}{ds}\{(s+1)^3G(s)\}\bigg|_{s=-1} = 2\cdot(-1)+1 = -1$$

が求められる．さらに式 (3.41) をもう一度微分して $s=-1$ とおくと

$$\frac{d^2}{ds^2}\{(s+1)^3G(s)\}\bigg|_{s=-1} = 2 = 2K_1{}'$$

ゆえに

$$K_1{}' = 1$$

こうして次式が導かれた．

$$G(s) = \frac{1}{s+1} + \frac{-1}{(s+1)^2} + \frac{4}{(s+1)^3} \tag{3.42}$$

よって，この裏関数は次のようになる．

$$g(t) = e^{-t} - te^{-t} + 2t^2e^{-t} \tag{3.43}$$ ■

この例題から明らかなように，$Q(s)$ が実数の r 重根をもっている場合，

$$G(s) = \frac{K_1{}'}{s-s_1} + \frac{K_2{}'}{(s-s_1)^2} + \cdots + \frac{K_r{}'}{(s-s_1)^r} + [\text{他の項}]$$

の係数は次式を計算することにより求められる．

$$K_j{}' = \frac{1}{(r-j)!}\left[\frac{d^{r-j}}{ds^{r-j}}\{(s-s_1)^rG(s)\}\right]\bigg|_{s=s_1} \tag{3.44}$$

［4］ $Q(s)$ が複素数の多重根をもつ場合

この場合も，原理的には［3］の方法で求められるので詳細は省略する．

3.5 さらにすすんだ例題

以上で基本的な定係数微分方程式の解法を説明した．ここではいくつかの例題を解くことによって，理解を深めよう．

例題 3.5

常微分方程式

$$\frac{d^2g}{dt^2} - (a+b)\frac{dg}{dt} + abg = e^{ct} \tag{3.45}$$

を初期条件 $g(0_+) = g'(0_+) = 0$ のもとで解け．ただし，a, b, c は定数とする．

【解答】 微分方程式のラプラス変換形

$$K(s)G(s) = K_0(s) + F(s)$$

において，

$$\begin{cases} K(s) = s^2 - (a+b)s + ab = (s-a)(s-b) \\ K_0(s) = 0 \\ F(s) = \mathcal{L}[e^{ct}] = \dfrac{1}{s-c} \end{cases}$$

であるから，$g(t)$ の裏関数 $G(s)$ は次のように表される．

$$G(s) = \frac{F(s) + K_0(s)}{K(s)} = \frac{1}{(s-a)(s-b)(s-c)}$$

これは，次のように部分分数展開されるはずである．

$$G(s) = \begin{cases} \dfrac{K_1}{s-a} + \dfrac{K_2}{s-b} + \dfrac{K_3}{s-c} & \cdots\ a,\ b,\ c\ \text{が全て異なる場合} \\ \dfrac{K_1{}'}{s-a} + \dfrac{K_2{}'}{(s-a)^2} + \dfrac{K_3{}'}{s-c} & \cdots\ 2\ \text{重根を含む場合} \\ & \quad\ (\text{例えば}\ a = b \neq c\ \text{の場合}) \\ \dfrac{K_1{}''}{s-a} + \dfrac{K_2{}''}{(s-a)^2} + \dfrac{K_3{}''}{(s-a)^3} & \cdots\ a = b = c\ \text{の場合} \end{cases} \tag{3.46}$$

以下，それぞれについて表関数を求めてみよう．

(1)　全て単根の場合（a, b, c が全て異なる場合）

$$K_1 = (s-a)G(s)|_{s=a} = \frac{1}{(a-b)(a-c)}$$

同様にして，K_2，K_3 が求められ，次の表関数が得られる．

$$g(t) = \frac{(c-b)e^{at} + (a-c)e^{bt} + (b-a)e^{ct}}{(a-b)(b-c)(c-a)} \tag{3.47}$$

(2)　2 重根を含む場合（例えば $a = b \neq c$ の場合）

$$K_1{}' = \frac{d}{ds}\{(s-a)^2 G(s)\}\bigg|_{s=a} = \frac{-1}{(s-c)^2}\bigg|_{s=a} = \frac{-1}{(a-c)^2}$$

$$K_2{}' = (s-a)^2 G(s)|_{s=a} = \frac{1}{a-c}$$

$$K_3{}' = (s-c)G(s)|_{s=c} = \frac{1}{(c-a)^2}$$

より

$$g(t) = -\frac{1}{(c-a)^2}e^{at} - \frac{1}{c-a}te^{at} + \frac{1}{(c-a)^2}e^{ct} \tag{3.48}$$

(3)　3 重根を含む場合（$a = b = c$ の場合）

この場合は $(s-a)^3 G(s) = 1$ であるから，式 (3.44) より

$$K_1{}'' = \frac{1}{2!}\left(\frac{d^2}{ds^2}(s-a)^3 G(s)\right)\bigg|_{s=a} = 0$$

$$K_2{}'' = \frac{d}{ds}(s-a)^3 G(s)\bigg|_{s=a} = 0$$

$$K_3{}'' = (s-a)^3 G(s)|_{s=a} = 1$$

ゆえに，解は次のようになる．

$$g(t) = \frac{1}{2}t^2 e^{at} \tag{3.49}$$ ■

例題 3.6

$$\frac{d^2 g}{dt^2} + \omega^2 g = f(t) = \alpha \cos \beta t \quad (\omega \neq 0) \tag{3.50}$$

の応答 $g(t)$ を初期条件 $g_0 = g(t)|_{t=0_+}$, $g_0{}' = \left.\dfrac{dg(t)}{dt}\right|_{t=0_+}$ のもとで解け．

【解答】 これは通常の微分方程式の解法を用いてもよいが，ここではラプラス変換法によって解いてみよう．すなわち，与式のラプラス変換形

$$K(s)G(s) - K_0(s) = F(s) \tag{3.51}$$

において，

$$\begin{cases} K(s) = s^2 + \omega^2 \\ K_0(s) = sg_0 + g_0{}' \\ F(s) = \alpha \dfrac{s}{s^2 + \beta^2} \end{cases}$$

であるから，

$$\begin{aligned} G(s) &= \frac{F(s)}{K(s)} + \frac{K_0(s)}{K(s)} \\ &= \frac{\alpha s}{(s^2+\beta^2)(s^2+\omega^2)} + \frac{sg_0 + g_0{}'}{s^2+\omega^2} \end{aligned} \tag{3.52}$$

まず，右辺の第2項の表関数は，

$$\begin{aligned} g_2(t) &= \mathcal{L}^{-1}\left[\frac{K_0(s)}{K(s)}\right] \\ &= g_0 \cos\omega t + \frac{g_0{}'}{\omega}\sin\omega t \end{aligned}$$

となる．一方，右辺第1項は，$\beta^2 \neq \omega^2$ のとき

$$\begin{aligned} G_1(s) &= \frac{\alpha s}{(s^2+\beta^2)(s^2+\omega^2)} \\ &= \frac{as+b}{s^2+\beta^2} + \frac{cs+d}{s^2+\omega^2} \end{aligned}$$

の形に展開されるはずであるから，未定係数比較法，あるいは前節の方法で係数を求めると，

$$b = d = 0, \quad a = -c = \frac{\alpha}{\omega^2 - \beta^2}$$

ゆえに，

$$g_1(t) = \frac{\alpha}{\omega^2 - \beta^2}(\cos\beta t - \cos\omega t)$$

が得られる．これに対して，$\beta^2 = \omega^2$ の場合は

$$G_1(s) = \frac{\alpha s}{(s^2 + \omega^2)^2}$$

となるから，式 (3.25) より

$$g_1(t) = \frac{\alpha t}{2\omega} \sin \omega t$$

以上まとめて，次のような解が得られる．

$$g(t) = g_1(t) + g_2(t)$$
$$= \begin{cases} \dfrac{\alpha}{\omega^2 - \beta^2}(\cos \beta t - \cos \omega t) \\ \quad + g_0 \cos \omega t + \dfrac{{g_0}'}{\omega} \sin \omega t & (\beta^2 \neq \omega^2) \\ \dfrac{\alpha t}{2\omega} \sin \omega t + g_0 \cos \omega t + \dfrac{{g_0}'}{\omega} \sin \omega t & (\beta^2 = \omega^2) \end{cases} \tag{3.53}$$

■

この解において，$g_2(t)$ が同次方程式（$f(t) = 0$）の一般解（すなわち固有解）に相当するのものであって，g_0 と ${g_0}'$ がその任意定数となっていることに気づくであろう．

一方，$g_1(t)$ は非同次方程式の $g_0 = {g_0}' = 0$ とおいた特解であって，系の強制振動を表している．特に，$\beta^2 = \omega^2$ のときは，時間とともに増大する項 $\dfrac{\alpha t}{2\omega} \sin \omega t$ を含むことに注意されたい．これは，**共振（共鳴）現象**といわれているものである．

3章の問題

□ **1** 次の裏関数に対する表関数を求めよ．

(1) $\dfrac{s^2+s+1}{s^3+s^2+s+1}$　　(2) $\dfrac{s}{(s+1)^4}$

(3) $\dfrac{1}{(s+a)(s+b)^2}$　　(4) $\dfrac{1}{s^2(s^2+\omega^2)}$

(5) $\dfrac{1}{\{(s-\alpha)^2+\omega^2\}^2}$　　(6) $\dfrac{s-\alpha}{\{(s-\alpha)^2+\omega^2\}^2}$

□ **2** 次の微分方程式を解け．

(1) $x^{(4)}-x=0$

ただし，$x'''(0_+)=-1$，$x''(0_+)=0$，$x'(0_+)=1$，$x(0_+)=0$

(2) $x''+k^2x=f(t)$

ただし，$x(0_+)=x'(0_+)=0$

(3) $x''+k^2x=a\cos\omega t$

ただし，$x(0_+)=x_0$，$x'(0_+)=x'_0$，$\omega^2\neq k^2$

(4) $x''+x'=Ae^{\alpha t}$

ただし，$x(0_+)=x'(0_+)=x''(0_+)=0$

(5) $x''+2\alpha x'+(\alpha^2+\omega^2)x=k$

ただし，$x(0_+)=x_0$，$x'(0_+)=0$

□ **3** 次の微分方程式の一般解を求めよ．

(1) $y''+3y'+2y=4e^{-2t}$　　(2) $y''+4y=6\sin 2t+3t^2$

(3) $y'''-3y''+3y'-y=2e^t$　　(4) $y''+3y'+2y=e^t-e^{-t}$

4 連立微分方程式，微積分方程式，偏微分方程式の解法

ここでは，前章で述べた定係数線形常微分方程式の解法を，さらに高度な微分方程式に発展させよう．すなわち，複数個の t 関数を連立させた定係数連立常微分方程式，微分だけでなく積分も含んだ微積分方程式，そしてある特殊な偏微分方程式へのラプラス変換の適用である．

本章でも，まず簡単な例題を解くことによって理解を深めた後，必要に応じて一般的な解法を説明することにする．

4章で学ぶ概念・キーワード

- 定係数連立常微分方程式の解法
- 積分を含む微積分方程式の解法
- 特別な偏微分方程式の解法

4.1 ラプラス変換による定係数連立常微分方程式の解法

ラプラス変換を用いて，定係数の連立常微分方程式を解くことを考えよう．

本節では，微分方程式を簡潔に記述するために $D = d/dt$ とおいて，例えば微分方程式

$$\frac{dx(t)}{dt} - x(t) + 2y(t) = e^t$$

を次のように表現することとする．

$$(D-1)x + 2y = e^t$$

(1) 連立常微分方程式の例題

まず，例題によって連立常微分方程式の解法を説明しよう．

例題 4.1

次の連立常微分方程式をラプラス変換法で解け．ただし，$D = d/dt$ とする．

$$\begin{cases} (D-1)x + 2y = e^t \\ 3x + (D-2)y = 1 \end{cases} \tag{4.1}$$

【解答】 与式をラプラス変換すると，$x(t)$ と $y(t)$ の初期値を x_0, y_0 とおいて，

$$\begin{cases} (s-1)X(s) + 2Y(s) - x_0 = \dfrac{1}{s-1} \\ 3X(s) + (s-2)Y(s) - y_0 = \dfrac{1}{s} \end{cases} \tag{4.2}$$

ゆえに，これを $X(s)$ と $Y(s)$ について解くと

$$\begin{aligned} \varDelta(s) &= \begin{vmatrix} s-1 & 2 \\ 3 & s-2 \end{vmatrix} \\ &= (s-1)(s-2) - 6 \\ &= (s+1)(s-4) \end{aligned} \tag{4.3}$$

とおいて，次のようになる．

$$X(s)=\frac{\begin{vmatrix}\{1/(s-1)\}+x_0 & 2\\ 1/s+y_0 & s-2\end{vmatrix}}{\Delta(s)}$$

$$=\frac{\begin{vmatrix}1/(s-1) & 2\\ 1/s & s-2\end{vmatrix}}{\Delta(s)}+\frac{\begin{vmatrix}x_0 & 2\\ y_0 & s-2\end{vmatrix}}{\Delta(s)}$$

$$=\frac{(s-2)s-2(s-1)}{(s+1)(s-4)(s-1)s}+\frac{(s-2)x_0-2y_0}{(s+1)(s-4)}$$

$$Y(s)=\frac{\begin{vmatrix}s-1 & \{1/(s-1)\}+x_0\\ 3 & 1/s+y_0\end{vmatrix}}{\Delta(s)}$$

$$=\frac{\begin{vmatrix}s-1 & 1/(s-1)\\ 3 & 1/s\end{vmatrix}}{\Delta(s)}+\frac{\begin{vmatrix}s-1 & x_0\\ 3 & y_0\end{vmatrix}}{\Delta(s)}$$

$$=\frac{(s-1)^2-3s}{(s+1)(s-4)(s-1)s}+\frac{(s-1)y_0-3x_0}{(s+1)(s-4)}$$

これらは，それぞれ次のように部分分数展開される．

$$X(s)=-\frac{7}{10}\frac{1}{s+1}+\frac{1}{30}\frac{1}{s-4}+\frac{1}{6}\frac{1}{s-1}+\frac{1}{2}\frac{1}{s}$$
$$+\frac{3x_0+2y_0}{5}\frac{1}{s+1}+\frac{2(x_0-y_0)}{5}\frac{1}{s-4}$$
$$Y(s)=-\frac{7}{10}\frac{1}{s+1}-\frac{1}{20}\frac{1}{s-4}+\frac{1}{2}\frac{1}{s-1}+\frac{1}{4}\frac{1}{s}$$
$$+\frac{3x_0+2y_0}{5}\frac{1}{s+1}-\frac{3(x_0-y_0)}{5}\frac{1}{s-4}$$

ゆえに，式 (4.1) の初期条件 x_0, y_0 を考慮した解

$$\begin{cases} x(t) = -\dfrac{7}{10}e^{-t} + \dfrac{1}{30}e^{4t} + \dfrac{1}{6}e^{t} + \dfrac{1}{2} + \dfrac{3x_0 + 2y_0}{5}e^{-t} \\ \qquad + \dfrac{2(x_0 - y_0)}{5}e^{4t} \\ y(t) = -\dfrac{7}{10}e^{-t} - \dfrac{1}{20}e^{4t} + \dfrac{1}{2}e^{t} + \dfrac{1}{4} + \dfrac{3x_0 + 2y_0}{5}e^{-t} \\ \qquad - \dfrac{3(x_0 - y_0)}{5}e^{4t} \end{cases} \tag{4.4}$$

が得られた．これは任意定数を

$$\begin{cases} \dfrac{3x_0 + 2y_0}{5} - \dfrac{7}{10} = C_1 \\ \dfrac{x_0 - y_0}{5} + \dfrac{1}{60} = C_2 \end{cases}$$

とおいて，次のような形にまとめることもできる．

$$\begin{cases} x(t) = \dfrac{1}{6}e^{t} + \dfrac{1}{2} + C_1 e^{-t} + 2C_2 e^{4t} \\ y(t) = \dfrac{1}{2}e^{t} + \dfrac{1}{4} + C_1 e^{-t} - 3C_2 e^{4t} \end{cases} \tag{4.5}$$ ■

例題 4.2

連立常微分方程式

$$\begin{cases} (D-7)x - 3y + 2z = 0 \\ -4x + (D-7)y + z = 0 \\ 4x + 4y + (D-4)z = 0 \end{cases} \tag{4.6}$$

を解け．ただし，$x(0_+) = 1$, $y(0_+) = z(0_+) = 0$ とする．

【解答】　与式は次のようにラプラス変換される．

$$\begin{cases} (s-7)X(s) - 3Y(s) + 2Z(s) = 1 \\ -4X(s) + (s-7)Y(s) + Z(s) = 0 \\ 4X(s) + 4Y(s) + (s-4)Z(s) = 0 \end{cases} \tag{4.7}$$

この連立方程式の判別式は，

$$\Delta(s) = \begin{vmatrix} s-7 & -3 & 2 \\ -4 & s-7 & 1 \\ 4 & 4 & s-4 \end{vmatrix} = (s-3)^2(s-12) \tag{4.8}$$

で与えられる．そこで，これを用いて式 (4.7) を解くと，

$$\begin{aligned} X(s) &= \frac{(s-7)(s-4)-4}{(s-3)^2(s-12)} \\ &= \frac{s-8}{(s-3)(s-12)} \\ &= \frac{5}{9}\frac{1}{s-3} + \frac{4}{9}\frac{1}{s-12} \\ Y(s) &= \frac{4(s-4)+4}{(s-3)^2(s-12)} \\ &= \frac{4}{(s-3)(s-12)} \\ &= -\frac{4}{9}\frac{1}{s-3} + \frac{4}{9}\frac{1}{s-12} \\ Z(s) &= \frac{-16-4(s-7)}{(s-3)^2(s-12)} \\ &= \frac{-4}{(s-3)(s-12)} \\ &= \frac{4}{9}\frac{1}{s-3} - \frac{4}{9}\frac{1}{s-12} \end{aligned}$$

ゆえに，次の解が得られる．

$$\begin{cases} x(t) = \dfrac{5}{9}e^{3t} + \dfrac{4}{9}e^{12t} \\ y(t) = -\dfrac{4}{9}e^{3t} + \dfrac{4}{9}e^{12t} \\ z(t) = \dfrac{4}{9}e^{3t} - \dfrac{4}{9}e^{12t} \end{cases} \tag{4.9}$$

なお，判別式 (4.8) には 2 重根が含まれているので，初期値のとり方によっては解に te^{3t} なる項が入ってくることもある．■

(2)　定係数連立常微分方程式の一般解法

以上の例題において明らかにされた解法を一般化して，定係数連立常微分方程式

$$\begin{cases} h_{11}(D)g_1(t)+h_{12}(D)g_2(t)+\cdots+h_{1n}(D)g_n(t)=f_1(t) \\ h_{21}(D)g_1(t)+h_{22}(D)g_2(t)+\cdots+h_{2n}(D)g_n(t)=f_2(t) \\ \cdots\cdots\cdots\cdots\cdots\cdots\cdots\cdots\cdots\cdots\cdots\cdots \\ h_{n1}(D)g_1(t)+h_{n2}(D)g_2(t)+\cdots+h_{nn}(D)g_n(t)=f_n(t) \end{cases} \tag{4.10}$$

の解法を考えてみよう．ただし，$f_i(t)$ を既知の駆動関数，$g_j(t)$ を目的とする応答関数とする．また，$h_{ij}(D)$ は，微分演算子 $D=d/dt$ を定義することによって得られた（D に関する）定係数多項式である．

ここで，$g_j(t)$ に関係している係数多項式 $h_{ij}(D)$，$i=1,\cdots,n$ の次数の中で最高のものを p_j とおこう．すなわち，$h_{ij}(D)$ の次数を $\deg\,[h_{ij}(D)]$ と記すことにすれば,

$$p_j=\max_i\{\deg[h_{ij}(D)]\} \tag{4.11}$$

このとき，$g_j(t)$ からは

$$g_j(0_+),\, g_j'(0_+),\cdots,g_j^{(n-1)}(0_+)\ \left(=\left.\frac{d^{p_j-1}g_j(t)}{dt^{p_j-1}}\right|_{t=0_+}\right)$$

だけの初期条件が生まれ，一般に式 (4.10) が解けるためには

$$N=\sum_{j=1}^{n}p_j \tag{4.12}$$

個の初期条件が必要となる．

さて，$F_i(s)$ と $G_j(s)$ をそれぞれ，$f_i(t)$ と $g_j(t)$ のラプラス変換とすれば，式 (4.10) のラプラス変換形は次のように与えられる．

$$\begin{cases} h_{11}(s)G_1(s)+h_{12}(s)G_2(s)+\cdots+h_{1n}(s)G_n(s)=F_1(s)+H_{01}(s) \\ h_{21}(s)G_1(s)+h_{22}(s)G_2(s)+\cdots+h_{2n}(s)G_n(s)=F_2(s)+H_{02}(s) \\ \cdots\cdots\cdots\cdots\cdots\cdots\cdots\cdots\cdots\cdots\cdots\cdots\cdots\cdots \\ h_{n1}(s)G_1(s)+h_{n2}(s)G_2(s)+\cdots+h_{nn}(s)G_n(s)=F_n(s)+H_{0n}(s) \end{cases} \tag{4.13}$$

ここに，$H_{0i}(s)$ は初期条件に関する項である．また，$h_{ij}(s)$ は $h_{ij}(D)$ における微分演算子 D を s におきかえたものに相当している（s 自身が微分演算子としての意味をもつことは 1.4 節の定理 1.2 からも明らかである）．

式 (4.13) は $G_j(s)$，$j=1,\cdots,n$ についての線形連立方程式であるから，これを代数的に解くことができる．すなわち，係数行列式

$$\Delta(s)=\begin{vmatrix} h_{11}(s) & h_{12}(s) & \cdots & h_{1n}(s) \\ h_{21}(s) & h_{22}(s) & \cdots & h_{2n}(s) \\ \vdots & \vdots & \ddots & \vdots \\ h_{n1}(s) & h_{n2}(s) & \cdots & h_{nn}(s) \end{vmatrix} \tag{4.14}$$

において，第 j 列を $F_{ji}(s)$，$i=1,\cdots,n$ でおきかえた行列式を

$$\Delta_{jF}(s)=\begin{vmatrix} h_{11}(s) & \cdots & F_{j1}(s) & \cdots & h_{1n}(s) \\ h_{21}(s) & \cdots & F_{j2}(s) & \cdots & h_{2n}(s) \\ \vdots & & \vdots & \ddots & \vdots \\ h_{n1}(s) & \cdots & F_{jn}(s) & \cdots & h_{nn}(s) \end{vmatrix} \tag{4.15}$$

とおき，さらに，第 j 列を $H_{0ji}(s)$，$i=1,\cdots,n$ でおきかえた行列式を

$$\Delta_{j0}(s)=\begin{vmatrix} h_{11}(s) & \cdots & H_{0j1}(s) & \cdots & h_{1n}(s) \\ h_{21}(s) & \cdots & H_{0j2}(s) & \cdots & h_{2n}(s) \\ \vdots & & \vdots & \ddots & \vdots \\ h_{n1}(s) & \cdots & H_{0jn}(s) & \cdots & h_{nn}(s) \end{vmatrix} \tag{4.16}$$

とおけば，式 (4.13) の解 $G_j(s)$，$j=1,\cdots,n$ は次のように表される．

$$G_j=\frac{\Delta_{jF}(s)}{\Delta(s)}+\frac{\Delta_{j0}(s)}{\Delta(s)},\quad j=1,2,\cdots,n \tag{4.17}$$

これは，多くの場合 s に関する有理関数になるから，ヘビサイドの展開定理を駆使すれば，表関数

$$g_j=\mathcal{L}^{-1}[G_j(s)],\quad j=1,2,\cdots,n \tag{4.18}$$

が求められる．これが，定係数連立常微分方程式 (4.10) の解である．

4.2 ラプラス変換による微積分方程式の解法

ラプラス変換を用いて，積分項を含む定係数方程式を解くこともできる．まず例題を解いてみよう．

(1) 微積分方程式の例題

例題 4.3

次の微積分方程式を解け．ただし，$g(0_+) = 0$ とする．

$$\frac{dg}{dt} + \int_0^t g dt = 1 \quad (t \geq 0) \tag{4.19}$$

【解答】 まず，微分のラプラス変換（1.4節の定理1.2）と積分のラプラス変換（1.4節の式(1.25)）が，次のようになることを復習しておこう．

$$\frac{dg}{dt} \xrightarrow[\mathcal{L}]{} sG(s) - g(0_+) \tag{4.20}$$

$$\int_0^t g dt \xrightarrow[\mathcal{L}]{} \frac{G(s)}{s} \tag{4.21}$$

したがって，これを用いて例題の与式の両辺をラプラス変換すると，

$$sG(s) + \frac{1}{s}G(s) = \frac{1}{s}, \quad G(s) = \frac{1}{s^2+1}$$

ゆえに

$$g(t) = \sin t \tag{4.22}$$

が解となる． ■

(2) 定係数線形常微積分方程式の解法

微分に関するラプラス変換公式(1.19)と，積分に関するラプラス変換公式(1.26)を用いると，実関数 $g(t)$ と $f(t)$ に関する定係数線形常微積分方程式

$$
\begin{aligned}
&a_n\frac{d^n g}{dt^n}+a_{n-1}\frac{d^{n-1}g}{dt^{n-1}}+\cdots+a_1\frac{dg}{dt^n}+a_0 g\\
&+a_{-1}\int g dt+a_{-2}\iint g(dt)^2+\cdots+a_{-m}\underbrace{\int\cdots\int}_{m} g(dt)^m\\
&=b_p\frac{d^p f}{dt^p}+b_{p-1}\frac{d^{p-1}f}{dt^{p-1}}+\cdots+b_1\frac{df}{dt}+b_0 f\\
&+b_{-1}\int f dt+b_{-2}\iint f(dt)^2+\cdots+b_{-q}\underbrace{\int\cdots\int}_{q} f(dt)^q \qquad (4.23)
\end{aligned}
$$

を解くことができる．ここで，$f(t)$ が駆動関数，$g(t)$ が目的とする応答関数である．

式 (4.23) の両辺をラプラス変換すると，一般に

$$
A(s)G(s)-A_0(s)=B(s)F(s)-B_0(s) \qquad (4.24)
$$

となり，これを $G(s)$ について解くと次式が得られる．

$$
G(s)=\frac{B(s)F(s)+\{A_0(s)-B_0(s)\}}{A(s)} \qquad (4.25)
$$

この表関数 $g(t)$ が目的とする応答関数である．

なお，式 (4.24) において，$A(s)$ と $B(s)$ はそれぞれ

$$
\begin{aligned}
A(s)&=a_n s^n+a_{n-1}s^{n-1}+\cdots+a_1 s+a_0\\
&\quad+a_{-1}s^{-1}+a_{-2}s^{-2}+\cdots+a_{-m}s^{-m} \qquad (4.26)\\
B(s)&=b_p s^p+b_{p-1}s^{p-1}+\cdots+b_1 s+b_0\\
&\quad+b_{-1}s^{-1}+b_{-2}s^{-2}+\cdots+b_{-q}s^{-q} \qquad (4.27)
\end{aligned}
$$

で与えられている．一方，$A_0(s)$ と $B_0(s)$ はそれぞれ $g(t)$ と $f(t)$ の初期値に関係する項である．いずれも，s の多項式になることは明らかであろう．したがって，もし $F(s)$ が有理関数であれば，$G(s)$ もまた有理関数となり，$G(s)$ の表関数 $g(t)$ はヘビサイドの展開定理を用いて求めることができる．

(3) 積分を含む他の形式の方程式の解法

次の例のようにたたみこみ積分を含む方程式も，ラプラス変換を用いて解くことができる．

例題 4.4

$$g(t) = at + \int_0^t \sin(t-\tau)g(\tau)d\tau \tag{4.28}$$

を解け．

【解答】 まずこの式に現れているそれぞれの関数の裏関数が

$$t \xrightarrow[\mathcal{L}]{} \frac{1}{s^2}, \quad \sin t \xrightarrow[\mathcal{L}]{} \frac{1}{s^2+1}$$

であることに注意する．さらに積分がたたみこみ積分になっていることに着目して 1.5 節の定理 1.9（たたみこみ定理）を適用すると，与式は次のようにラプラス変換される．

$$G(s) = \frac{a}{s^2} + \frac{1}{s^2+1}G(s)$$

したがって，

$$\begin{aligned} G(s) &= \left(1 + \frac{1}{s^2}\right)\frac{a}{s^2} \\ &= a\left(\frac{1}{s^2} + \frac{1}{s^4}\right) \end{aligned}$$

これをラプラス逆変換することにより，最終的に次のような解が求められる．

$$g(t) = a\left(t + \frac{1}{6}t^3\right) \quad (t \geq 0)$$

■

4.3　ラプラス変換による偏微分方程式の解法

ラプラス変換は，2 変数の関数 $z(x,t)$ へも拡張できる．これによってある種の偏微分方程式を解くことも可能になる．ただ，一般的な議論をするためには数学的な準備が必要なので，ここでは例題をあげるにとどめよう．

なお，ラプラス変換を 2 変数関数へ拡張する方法はいろいろ考えられるが，ここでは x は定数と考えて t のみについてラプラス変換することにする．すなわち

$$Z(x,s) = \int_0^\infty z(x,t)e^{-st}dt \tag{4.29}$$

例題 4.5

x と t の 2 変数関数 $z(x,t)$ に対して

$$\frac{\partial z}{\partial x} = \frac{\partial z}{\partial t} + z \tag{4.30}$$

を解け．ここに，$z(x,t)$ は $t=0$ のときの初期値を $z(x,0)=e^{-x}$ とし，また $x>0$，$t>0$ で有界である（すなわち発散しない）とする．

【解答】 与式を t についてラプラス変換すると，

$$\frac{dZ}{dx} = \{sZ - z(x,0)\} + Z$$

これは，次のような x を変数とする 1 階の線形常微分方程式となる．

$$\frac{dZ}{dx} - (s+1)Z = -e^{-x} \tag{4.31}$$

一般に，1 階の線形常微分方程式

$$\frac{dy}{dt} + P(x)y = Q(x) \tag{4.32}$$

の解は

$$y(t) = e^{-\int P(x)dx}\left\{\int Q(x)e^{\int P(x)dx}dx + C\right\} \tag{4.33}$$

で与えられるから，これに代入することにより式 (4.31) の解が得られる．その結果を示すと，

$$Z(x,s) = \frac{1}{s+2}e^{-x} + Ce^{(s+1)x} \tag{4.34}$$

ここで，$z(x,t)$ が $x>0$ で有界であるから，$Z(x,s)$ もまた $x>0$ で有界である必要があり，これを満たすためには，式 (4.34) において任意定数 C を 0 とすればよい．したがって，

$$Z(x,s) = \frac{1}{s+2}e^{-x} \tag{4.35}$$

最終的な解はこれをラプラス逆変換することによって

$$z(x,t) = e^{-2t}e^{-x} \tag{4.36}$$

となる．■

以上の例題にあるように，この形式の問題では，まず t を変数として与えられた式のラプラス変換を行って，$z(x,t)$ を $Z(x,s)$ に変換する．それにより x を変数とする微分方程式が得られるから，これを $Z(x,s)$ に関して解く．そして，最後に $Z(x,s)$ をラプラス逆変換すれば，求める解 $z(x,t)$ が得られる．

もう1つ例題を示しておこう．

例題 4.6

x と t の2変数関数 $z(x,t)$ に対して

$$\frac{\partial z}{\partial t} = \frac{\partial^2 z}{\partial x^2} \tag{4.37}$$

を解け．ここに，$z(x,t)$ は，$z(0,t)=1$，$z(x,0)=0$，$x>0$，$t>0$ で有界であるとする．

なお，最後のラプラス逆変換に際して，必要に応じて巻末のラプラス変換表を参照してもよい．

【解答】 式 (4.37) は拡散方程式と呼ばれているものである．この式を t に関してラプラス変換すると，

$$sZ - z(x,0) = \frac{d^2Z}{dx^2}$$

すなわち，初期値 $z(x,0) = 0$ を代入して

$$\frac{d^2Z}{dx^2} - sZ = 0 \tag{4.38}$$

となる．これは容易に解くことができて，一般解は

$$Z(x,s) = C_1 e^{\sqrt{s}x} + C_2 e^{-\sqrt{s}x} \tag{4.39}$$

ここで，$z(x,t)$ は $x \to \infty$ で有界，$Z(x,s)$ も同じように有界になるためには，$\mathrm{Re}\sqrt{s} > 0$ とすれば，任意定数 $C_1 = 0$ でなければならない．また，$z(0,t) = 1$ なる初期条件より，これをラプラス変換すると

$$Z(0,s) = \frac{1}{s}$$

となるから

$$Z(0,s) = C_2 e^{-\sqrt{s}\cdot 0} = C_2 = \frac{1}{s}$$

すなわち，$Z(x,s)$ は次のようになる．

$$Z(x,s) = \frac{1}{s} e^{-\sqrt{s}x} \tag{4.40}$$

巻末のラプラス変換表を参照すると，この表関数は

$$z(x,t) = 1 - \mathrm{erf}\left(\frac{x}{2\sqrt{t}}\right) \tag{4.41}$$

となる．ここに $\mathrm{erf}(x)$ は

$$\mathrm{erf}(x) = \frac{2}{\sqrt{\pi}} \int_0^x e^{-u^2} du \tag{4.42}$$

で定義され，誤差関数 (error function) と呼ばれる関数である．■

4 章の問題

□ **1**　次の連立微分方程式を解け．ただし，$D = d/dt$ とする．

(1) $\begin{cases} Dx - (3D-2)y = 0 \\ (D+4)x - 5Dy = 0 \end{cases}$　　(2) $\begin{cases} 3(D+5)x + (D+9)y = 0 \\ 3(D-1)x - 2(D+3)y = 0 \end{cases}$

(3) $\begin{cases} (D^2+2)x + y = 0 \\ x + (D^2+2)y = 0 \end{cases}$　　(4) $\begin{cases} (D-3)x + y = 0 \\ x - (D-1)y = 0 \end{cases}$

(5) $\begin{cases} (D+1)x - Dy = t \\ (D-1)x + y = t^2 \end{cases}$　　(6) $\begin{cases} (D+3)x + Dy = \sin t \\ (D-1)x + y = \cos t \end{cases}$

(7) $\begin{cases} (D+2)x + (D+1)y = t \\ 5x + (D+3)y = e^t \end{cases}$　　(8) $\begin{cases} (D^2+4)x - 3Dy = 1 \\ 3Dx + (D^2+4)y = t \end{cases}$

(9) $\begin{cases} (D-1)x + 4y - z = 0 \\ (D+2)y - z = 0 \\ (D-4)z = 0 \end{cases}$

□ **2**　次の連立微分方程式を与えられた初期条件のもとで解け．

(1) $\begin{cases} (D-7)x - 3y + 2z = 0 \\ -4x + (D-7)y + z = 0 \\ 4x + 4y + (D-4)z = 0 \end{cases}$

ただし，$x(0_+) = z(0_+) = 0$, $y(0_+) = 1$

(2) $\begin{cases} (D^2-1)x + 2(D+1)y + (D+1)z = e^t \\ (D-1)x - 2y - z = 0 \\ (D+1)^2 x + 2(D+1)y - (D+1)z = 0 \end{cases}$

ただし，$x(0_+) = y(0_+) = z(0_+) = 0$

□ **3**　方程式 $x(t) - \int_0^t x(u)du = 1$ を解け．

□ **4**　$y(t) + a\int_0^t y(t)dt = f(t) + b\int_0^t f(t)dt \quad (a, b > 0)$　　$(*)$

において，$f(t)$ は図の関数とする．

(1)　$(*)$ 式を満たす関数 $y(t)$, $t \geq 0$ を求めよ．

(2)　$y(t)$ の大体の形を図示せよ．（a, b の大きさの違いに関して場合分けを行え）

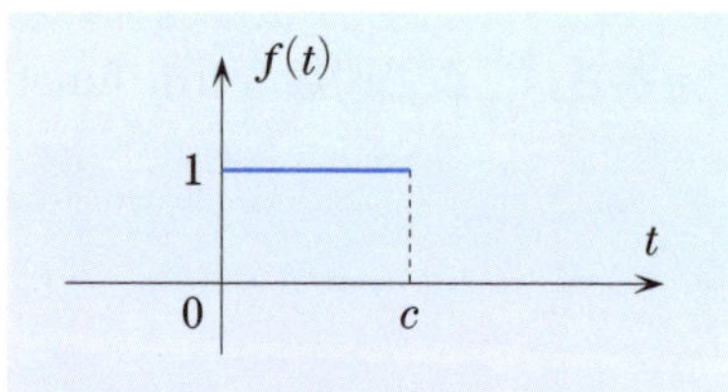

図 4.1

第3部
線形システムと
ラプラス変換

5 線形システムの取り扱い

自然現象あるいは人工的なシステムには，線形システムと（少なくとも近似的に）みなせるものが多い．線形システムの特徴は，その構造が単純でわかりやすく，しかもそれを扱う数学的な手法が整備されていることである．ラプラス変換はその一つである．

ラプラス変換を線形システムの解析に適用することによって，そこに「伝達関数」なる概念が定義される．そして，システムは

出力 ＝ 伝達関数 × 入力

という極めて簡潔な関係で記述される．さらには，この伝達関数の構造を調べることによって，システムの基本的な特性を直観的に理解することが可能となる．例えば，複素関数としての伝達関数の特異点（極）の s 平面における配置によって，システムの時間的な応答の振る舞いを推測できる．またシステムの安定性を判別することができる．

本章では，まず最初に線形システムの定義と基本的な性質を示し，ついでその特性をシステムのインパルス応答と伝達関数によって記述する方法を説明する．また，伝達関数が s の有理関数で記述できる場合について，その複素関数としての特異点（極）の s 平面における配置が，システムの特性と密接にかかわっていることを明らかにする．これらは，電気回路（第 **6** 章で学ぶ）や制御システム（第 **7** 章で学ぶ）を解析する上で，基本となる考え方である．

5 章で学ぶ概念・キーワード

- システムの線形性の定義，例
- インパルス関数による信号の表現
- システムのインパルス応答と伝達関数
- 伝達関数の極と零点の s 平面における配置とシステムの応答
- システムの安定性，周波数特性

5.1 線形システムとは

時間信号 $x(t)$ を別の時間信号 $y(t)$ に変換する図 5.1 のような**システム** (system) を考えよう．ここに，$x(t)$ をシステムの**入力** (input)，$y(t)$ を**出力** (output) と呼ぶ．また以下では，このシステムの入出力の関係を

$$y(t) = \phi[x(t)] \tag{5.1}$$

あるいはより単純に

$$x(t) \to y(t)$$

と記すことにしよう．

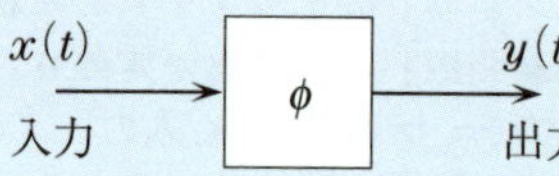

図 5.1 システム

(1) 線形性の定義

図 5.1 のシステムは，入力と出力の間に次の関係があるとき，**線形** (linear) であると呼ばれる．

定義（線形性）

$$x_1(t) \to y_1(t)$$

$$x_2(t) \to y_2(t)$$

のとき，a_1 と a_2 を定数として

$$a_1x_1(t) + a_2x_2(t) \to a_1y_1(t) + a_2y_2(t) \tag{5.2}$$

となれば，そのシステムは線形である．

この線形性の定義は，次のような表現に拡張できる．すなわち，

入力 $x(t)$ が

$$x(t) = \sum_k a_k x_k(t) \tag{5.3}$$

と表されるとき，出力 $y(t)$ が

$$y(t) = \phi[x(t)] = \sum_k a_k \phi[x_k(t)] \tag{5.4}$$

となれば，そのシステムは線形である．

(2)　線形システムの例

いくつか例を示そう．

例 1　定数倍　$y(t) = c \cdot x(t)$

これは式 (5.4) の $x(t)$ に対して

$$\begin{aligned} y(t) &= \phi\left[\sum_k a_k x_k(t)\right] \\ &= c \cdot \sum_k a_k x_k(t) \\ &= \sum_k a_k \{c \cdot x_k(t)\} \\ &= \sum_k a_k \phi[x_k(t)] \end{aligned}$$

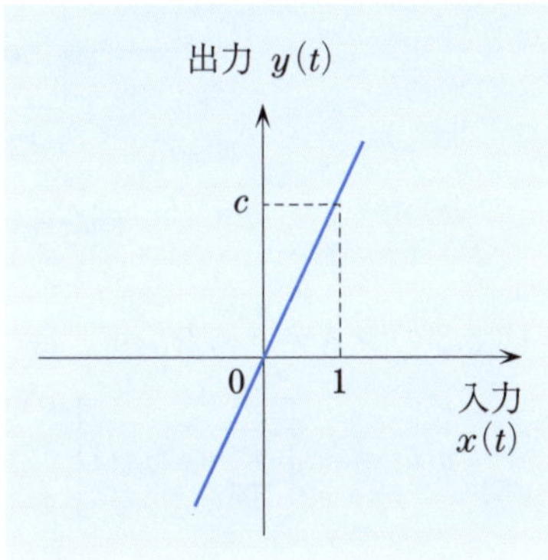

図 5.2　定数倍の入出力特性

となるから，明らかに線形である．この定数倍の入出力関係は，図 5.2 のように直線で表される．線形なる名称は，これに由来する．　□

例 2　微分　$y(t) = \dfrac{d}{dt}x(t)$

$$\begin{aligned} y(t) &= \phi\left[\sum_k a_k x_k(t)\right] = \frac{d}{dt}\left\{\sum_k a_k x_k(t)\right\} \\ &= \sum_k a_k \frac{d}{dt} x_k(t) = \sum_k a_k \phi[x_k(t)] \end{aligned}$$

より，これも線形である．　□

例 3　同様にして，積分

$$y(t) = \int x(t)dt$$

も線形であることが示される．　□

例 4　信号の加（減）算　$y(t) = \phi_1[x(t)] + \phi_2[x(t)]$

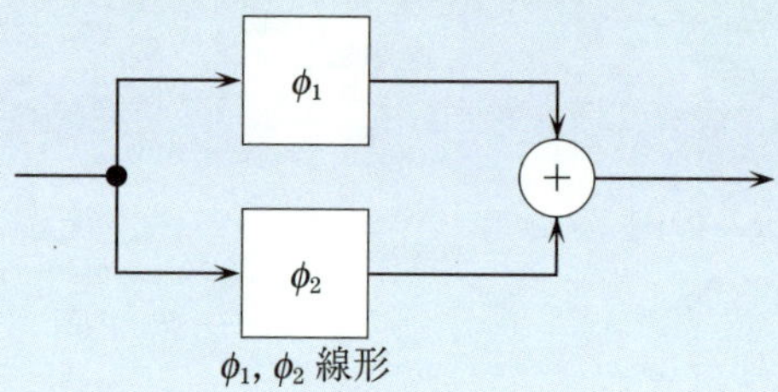

図 5.3　信号の加（減）算

図 5.3 のシステムにおいて，ϕ_1 と ϕ_2 がいずれも線形であれば

$$\begin{aligned} y(t) &= \phi\left[\sum_k a_k x_k(t)\right] \\ &= \phi_1\left[\sum_k a_k x_k(t)\right] + \phi_2\left[\sum_k a_k x_k(t)\right] \\ &= \sum_k a_k \phi_1[x_k(t)] + \sum_k a_k \phi_2[x_k(t)] \\ &= \sum_k a_k\{\phi_1[x_k(t)] + \phi_2[x_k(t)]\} \\ &= \sum_k a_k \phi[x_k(t)] \end{aligned}$$

となるので，信号の加算は線形である．減算ももちろん線形である．　□

例 5　定数倍，微積分，加減算を組合せたシステム

これは，定係数の（連立）線形微積分方程式で記述できるシステムであり，その特性は線形である．　□

(3) 線形でないシステムの例

線形でないシステムは**非線形** (nonlinear) であると呼ばれる.

例 6 図 5.4 のように，入力と出力の関係が直線でないシステムは非線形である. □

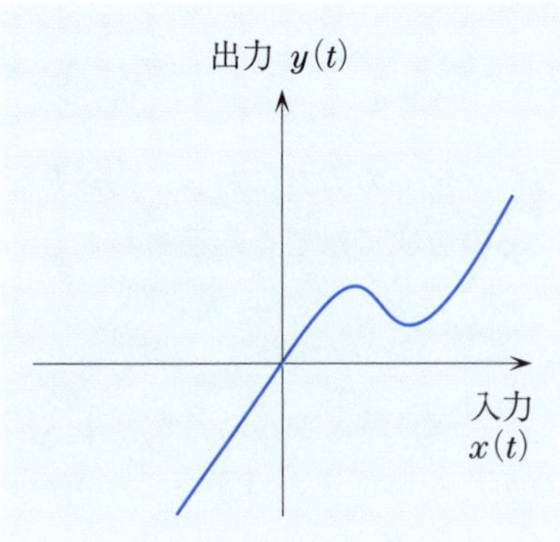

図 5.4 非線形入出力

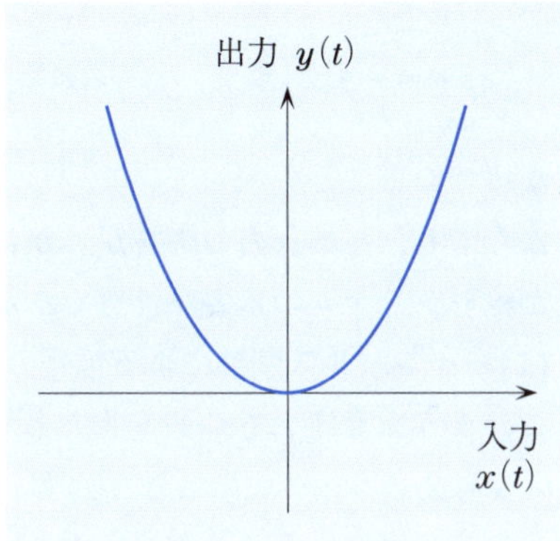

図 5.5 2 次曲線の入出力

例 7 信号の n 乗，例えば $y(t) = \{x(t)\}^2$ は図 5.5 のような直線でない入出力関係をもち，線形ではなく非線形である. □

例 8 一般に，信号と信号の積は，図 5.6 においてたとえ ϕ_1 と ϕ_2 が線形であったとしても，システム全体は非線形になる. □

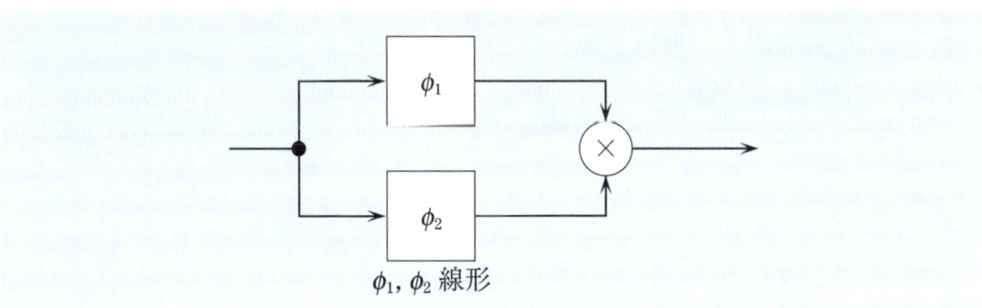

図 5.6 信号と信号の積

5.2 線形システムのインパルス応答

式 (5.3) と式 (5.4) は，$x_k(t)$ を基本入力とするとき，線形システムでは

「基本入力 $x_k(t)$ の合成」に対する応答
=「それぞれの基本入力 $x_k(t)$ の応答」の合成

になっていることを示している．したがって，**全ての入力に対して応答を記述しなくても，基本入力の応答がわかれば，その合成に対する応答もわかる**．これが線形システムの重要な性質である．

(1) インパルス関数による信号の表現

このような意味をもつ基本入力として，1.7 節で導入されたインパルス関数 $\delta(t)$ を考えよう．一般の信号 $x(t)$ は，この $\delta(t)$ を時間 τ だけずらした $\delta(t-\tau)$ の組合せで表現することができる．

$$x(t) = \int_{-\infty}^{\infty} x(\tau)\delta(t-\tau)d\tau \quad (-\infty < t < \infty) \tag{5.5}$$

ここに，左辺の $x(t)$ は $-\infty < t < \infty$ で定義された信号 $x(t)$ の全体を表している．一方，右辺の積分内の $x(\tau)$ は $t = \tau$ のときの $x(t)$ の値で，基本入力 $\delta(t-\tau)$ の係数としての意味をもっている．

この式 (5.5) の物理的意味は次のように説明される．すなわち，図 5.7 のように $x(t)$ を方形波列で近似すると，

$$x(t) \fallingdotseq \sum_i x(t_i)D(t-t_i)\varDelta t \tag{5.6}$$

と表される．ただし

$$D(t) = \begin{cases} \dfrac{1}{\varDelta t} & \left(|t| < \dfrac{\varDelta t}{2}\right) \\ 0 & (\text{上記以外}) \end{cases} \tag{5.7}$$

である．ここで，$\varDelta t \to 0$ とすれば，$D(t) \to \delta(t)$ となるから，式 (5.6) は

$$x(t) = \int_{-\infty}^{\infty} x(\tau)\delta(t-\tau)d\tau \tag{5.8}$$

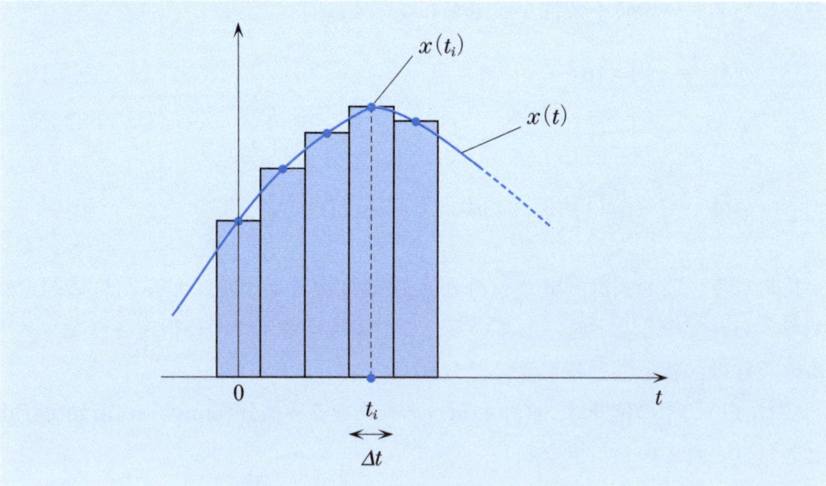

図 5.7　関数の方形波列による近似

なる積分形で表される．これは式 (5.5) にほかならない．

(2)　インパルス応答によるシステムの入出力関係の表現

ここで，基本信号であるインパルス信号 $\delta(t)$ をシステムに入力したときの応答を $h(t)$ とする．これはシステムの**インパルス応答** (impulse response) と呼ばれている．

また，このシステムの入出力関係が時間がずれても変化しないことを仮定しよう．すなわち，ある時点での $\delta(t)$ に対する応答が $h(t)$ であるとき，τ だけ時間がずれて入力された $\delta(t-\tau)$ に対する応答が，同じだけ時間がずれた $h(t-\tau)$ になっているものとする．このようなシステムは，特性が時間的に変化しないという意味で**時不変性** (time invariance) をもつと呼ばれる．

さて，入力 $x(t)$ を表現した式 (5.5) の右辺において，$\delta(t-\tau)$ が基本信号，$x(\tau)$ がその係数になっていることに注意すれば，システムが線形のとき，システムの出力 $y(t)$ は次のようになる．

$$
\begin{aligned}
y(t) &= \phi\left[\int_{-\infty}^{\infty} x(\tau)\delta(t-\tau)d\tau\right] \\
&= \int_{-\infty}^{\infty} x(\tau)\phi[\delta(t-\tau)]d\tau
\end{aligned}
\tag{5.9}
$$

さらにシステムの時不変性を仮定すれば

$$\phi[\delta(t-\tau)] = h(t-\tau) \tag{5.10}$$

であるから

$$y(t) = \int_{-\infty}^{\infty} x(\tau)h(t-\tau)d\tau \quad (-\infty < t < \infty) \tag{5.11}$$

が得られる．この式は，出力 $y(t)$ が入力 $x(t)$ とインパルス応答 $h(t)$ の組合せで与えられていることを示している．この表現を導くために仮定されたシステムの条件は，線形性と時不変性である．

式 (5.11) の形の積分は，$x(t)$ と $h(t)$ の**たたみこみ積分** (convolution integral) と名付けられている．すなわち，

線形で時不変なシステムの出力 $y(t)$ は，入力 $x(t)$ とインパルス応答 $h(t)$ のたたみこみ積分で与えられる．

なお，式 (5.11) において，$t-\tau \rightarrow \tau$ と変数変換すれば

$$y(t) = \int_{-\infty}^{\infty} h(\tau)x(t-\tau)d\tau \quad (-\infty < t < \infty) \tag{5.12}$$

となる．$x(t)$ と $h(t)$ のたたみこみ積分はこの形で表現してもよい．

5.3 線形システムの伝達関数

線形システムについての説明が長くなったが，本書の目的はラプラス変換である．以下では，システムの入出力関係をラプラス変換を用いて表現することを考えてみよう．

ラプラス変換を適用するために，入力信号 $x(t)$ とインパルス応答 $h(t)$ がいずれも $t>0$ で定義されているものとすれば，式 (5.12) は次のようになる．

$$y(t)=\int_0^t h(\tau)x(t-\tau)d\tau \quad (t>0) \tag{5.13}$$

このラプラス変換に際して，第 1 章 1.5 節で述べた定理 1.9（たたみこみ定理）が基本的な役割を果たしている．すなわち再掲すれば

$$\int_0^t f(\tau)g(t-\tau)d\tau \underset{\mathcal{L}}{\longrightarrow} F(s)G(s) \tag{5.14}$$

すなわち，$f(t)$ を $h(t)$ に，$g(t)$ を $x(t)$ に対応させれば，式 (5.13) のラプラス変換は

$$Y(s)=H(s)X(s) \tag{5.15}$$

となることが直ちにわかる．ここに $X(s)$ は入力 t のラプラス変換，$H(s)$ はインパルス応答 $h(t)$ のラプラス変換である．

システムの入出関係は，時間軸ではたたみこみ積分となるが，ラプラス変換では，単なる $H(s)$ と $X(s)$ の積で与えられることが導かれた．すなわちラプラス変換形では，システムの入力 $X(s)$ と出力 $Y(s)$ は比例関係にあり，その比例係数が $H(s)$ である．この $H(s)$ は，システムの**伝達関数** (transfer function) と呼ばれている．すなわち，

> 線形で時不変なシステムにおいては，出力のラプラス変換 $Y(s)$ は，入力のラプラス変換 $X(s)$ に伝達関数 $H(s)$ をかけることによって求められる．ここに，伝達関数 $H(s)$ はインパルス応答 $h(t)$ のラプラス変換として与えられている．

なお，伝達関数 $H(s)$ がインパルス応答 $h(t)$ のラプラス変換となることは，次のように解釈することもできる．すなわち

$$Y(s) = H(s)X(s)$$

において $X(s) = 1$ を代入すると $Y(s) = H(s)$ となる．これは，$H(s)$ が $X(s) = 1$ なる入力に対する出力のラプラス変換であることを意味している．

ここに $X(s) = 1$ なる信号は，時間軸ではインパルス関数 $\delta(t)$ である．したがって，$H(s)$ はインパルス信号 $\delta(t)$ に対する応答，すなわちインパルス応答 $h(t)$ のラプラス変換にほかならないことがわかる．

例を示そう．

例 9　前章で述べたように，定係数線形微積分方程式 (4.23) のラプラス変換形は，

$$A(s)G(s) - A_0(s) = B(s)F(s) - B_0(s) \tag{5.16}$$

で与えられる．ここに $F(s)$ は駆動関数 $f(t)$ のラプラス変換，$G(s)$ は応答関数 $g(t)$ のラプラス変換である．また，$A(s)$ と $B(s)$ は微積分方程式の係数によって定まる s の多項式である．

ここで初期値の値は全て 0 であるとすると，$A_0(s) = 0$，$B_0(s) = 0$ となり，

$$A(s)G(s) = B(s)F(s)$$

すなわち

$$G(s) = \frac{B(s)}{A(s)}F(s) \tag{5.17}$$

となる．この式（5.17）において，$F(s)$ をシステムの入力，$G(s)$ をシステムの出力に対応させれば

$$H(s) = \frac{B(s)}{A(s)} \tag{5.18}$$

がシステムの伝達関数となっていることがわかる．　□

5.4　s 平面とシステムの応答

(1)　伝達関数の極，零点と s 平面

線形システムの伝達関数 $H(s)$ が，s の実係数有理関数

$$H(s) = \frac{P(s)}{Q(s)} = \frac{b_m s^m + b_{m-1} s^{m-1} + \cdots + b_1 s + b_0}{a_n s^n + a_{n-1} s^{n-1} + \cdots + a_1 s + a_0} \tag{5.19}$$

ただし，a_i, b_j は実数

の形をしている場合の応答を調べてみよう．例えば，定係数の線形微積分方程式を解くときに現れる関数はこの形であった．その特別な場合として，次の第6章で述べる R，L，C などの素子で構成される集中定数の電気回路の伝達関数は，一般にこの形になる．

式 (5.19) は分母と分子がいずれも多項式であるから，それぞれを因数分解すると

$$H(s) = \frac{P(s)}{Q(s)} = H\frac{(s - s_{01})(s - s_{02})\cdots(s - s_{0m})}{(s - s_{p1})(s - s_{p2})\cdots(s - s_{pn})} \tag{5.20}$$

となる．

ここに，分母 $Q(s) = 0$ の根 s_{pi} は $H(s)$ の**極** (pole)，分子 $P(s) = 0$ の根 s_{0j} は $H(s)$ の**零点** (zero)，定数 H は**尺度因数** (scale factor) と呼ばれる．極と零点がそれぞれが r 重の多重根の場合は，それぞれ r 位の極，r 位の零点となる．

式 (5.20) は，有理関数の伝達関数 $H(s)$ が，極と零点，そして尺度因数だけによって定まることを意味している．このうち尺度因数は定数であるから，伝達関数の形を決めているのは極と零点である．また，回路のインパルス応答 $h(t)$ は伝達関数のラプラス逆変換で与えられるから，インパルス応答 $h(t)$ もまた極と零点によって定まる．

以下では，この極と零点の複素平面（s 平面）内での配置（図 5.8）が，回路の応答 $h(t)$ とどのようにかかわっているか調べてみよう．

(2)　極に対応するシステムの応答

第 3 章の 3.3 節（ヘビサイドの展開定理）で述べたように，$H(s)$ が実係数有理関数のときは，$H(s)$ の極（分母多項式の根）に対応する項の和の形に，$H(s)$

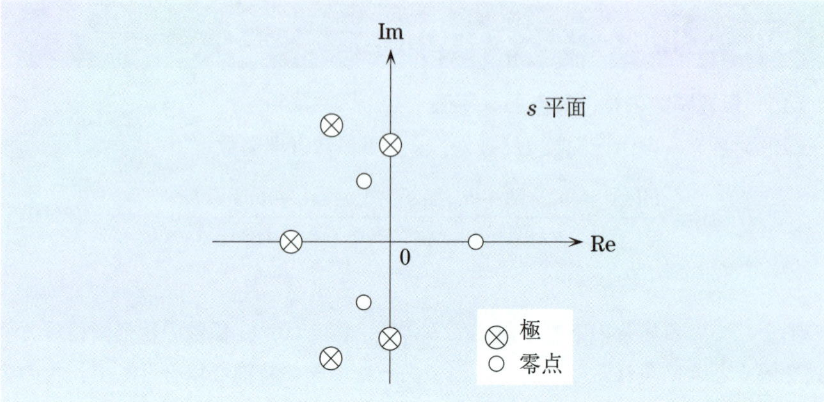

図 5.8 s 平面における極と零点

が部分分数分解される．すなわち

$$H(s) = \sum_i [H(s) \text{ の極 } s_{pi} \text{ に対応する項}] \tag{5.21}$$

したがって，この部分分数分解されたそれぞれの項をラプラス逆変換して時間関数に戻すと，インパルス応答が

$$h(t) = \sum_i [H(s) \text{ の極 } s_{pi} \text{ に対応する時間応答}] \tag{5.22}$$

となることがわかる．このように，**$h(t)$ は極 s_{pi} に対応する時間応答の組合せである．**

ここで重要なことは，極 s_{pi} に対応する時間応答の形が，s 平面におけるその極の位置によって推測できることである．

$H(s)$ が実係数有理関数の場合は，極 s_{pi} は，実数または互いに共役な複素数対（すなわち s_{pi} が極になれば，それと共役な複素数 $\overline{s}_{pi}$ も極になる）となる．

以下，s_{pi} が1位の極の場合について，時間応答の形を調べてみよう．

(i) 1位の極 s_{pi} が実数の場合

$H(s)$ を部分分数分解したときの，極 $s_{pi} = \alpha$ に対応する項とその表関数（時間関数）は

$$\frac{K}{s-\alpha} \xrightarrow[\mathcal{L}^{-1}]{} Ke^{\alpha t} \tag{5.23}$$

となる．すなわち時間応答は指数関数であり，$t \to \infty$ のときに α が正の場合は発散，負の場合は減衰する．$\alpha = 0$ の場合はステップ関数となる（図 5.9 の①–④ 参照）．

(ii)　1 位の極 s_{pi} が共役複素数対の場合

この複素数対を $s = \alpha + j\omega$，$s = \alpha - j\omega$ とおくと，3.3 節の式（3.19）に示されているように対応する応答は，

$$K_1 \frac{s-\alpha}{(s-\alpha)^2+\omega^2} + K_2 \frac{\omega}{(s-\alpha)^2+\omega^2}$$
$$\xrightarrow[\mathcal{L}^{-1}]{} K_1 e^{\alpha t}\cos\omega t + K_2 e^{\alpha t}\sin\omega t \tag{5.24}$$

あるいは，これらを合成すると次の形になる．

$$K e^{\alpha t}\cos(\omega t + \theta) \tag{5.25}$$

すなわち，時間応答は，α の符号によって指数的に発散あるいは減衰する正弦波となる（図 5.9 の⑤, ⑧参照）．なお，$\omega = 0$ のときは極は実数になり，応答

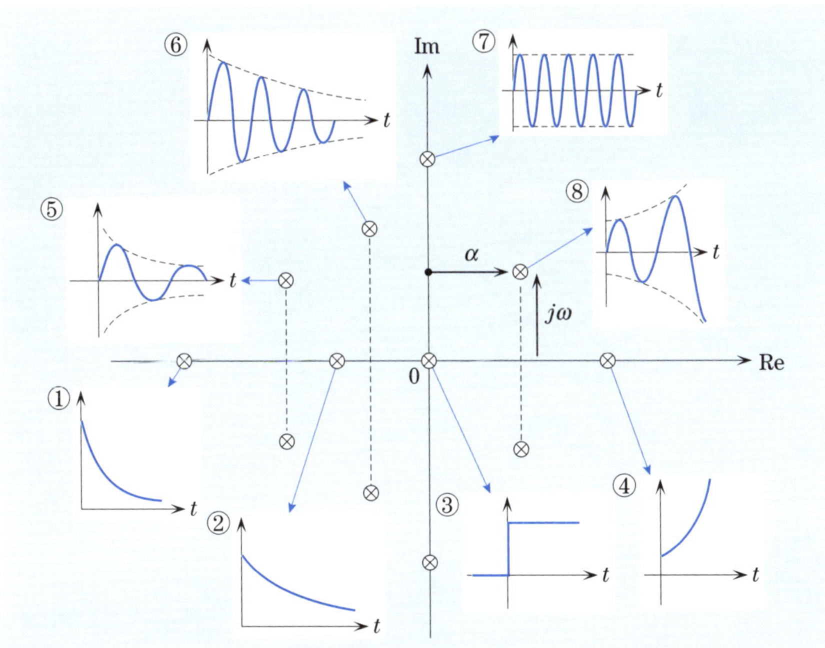

図 5.9　極の配置と応答

は単なる指数関数となる．

以上まとめると，極が1位のときは，**極 $s = \alpha + j\omega$ の実部 α は，応答の包絡線に関係する**．すなわち，$\alpha > 0$ のときは時間とともに発散，$\alpha < 0$ のときは減衰する．そしてその絶対値 $|\alpha|$ が発散と減衰の速さを表している．$\alpha = 0$ のときは包絡線は，発散も減衰もせずに持続する．

一方，**極の虚部 ω は，応答の振動の周波数に関係している**．$\omega = 0$ のときは振動がなく，ω の絶対値が大きいほど振動の周波数が高くなる．

図5.9はこれらの応答をまとめて示したものである．

なお，極 s_{pi} が $H(s)$ の分母多項式 $Q(s) = 0$ の r 重根，すなわち r 位の極の場合は，応答はかなり複雑になる．すなわち実根 $s_{pi} = \alpha$ の場合でも，

$$\left[K_1 + K_2 t + \frac{K_3}{2!}t^2 + \cdots + \frac{K_r}{(r-1)!}t^{r-1}\right]e^{\alpha t} \tag{5.26}$$

となり，複数の波形の組合せが1つの極に対応する時間応答となる．例えば原点 $s = 0$ が2位の極の場合は，

$$K_1 + K_2 t \tag{5.27}$$

となり，時間とともに発散する応答となる．

5.5　システムの安定性と周波数特性

(1)　安定性

以上述べたように，$t = \infty$ のときの時間応答の振る舞いは，s 平面内の極の配置によって，表 5.1 のようになる．

表 5.1　極の配置と応答の振る舞い

極	左半面内	虚軸上	右半面内
1 位	減衰	持続	発散
2 位以上	減衰	発散	発散

すなわち，

システムは，伝達関数の極が，

- 全て左半面内のときは，応答は減衰し，システムは**狭義安定**であるといわれる．
- 1 つでも右半面内にあると，応答は発散し，システムは**不安定**になる．

なお，虚軸上の極の場合は，極が 1 位のときに限り応答は発散も減衰もせずに持続する．この場合は（少なくとも発散はしないという意味で）**広義安定**と呼ばれる．その場合でも，同じ位置に外部入力 $X(s)$ の極がくると，全体として 2 位以上の極になって応答が発散してしまう．これが 3.5 節の例題 3.6 で説明した**共振（共鳴）現象**である．

(2)　周波数特性

s 平面における極と零点の配置によって，システムの時間応答だけでなく，周波数特性を推測することもできる．システムの周波数特性は，式（5.20）に $s = j\omega$ を代入することにより求められる．

$$H(j\omega) = H\frac{(j\omega - s_{01})(j\omega - s_{02})\cdots(j\omega - s_{0m})}{(j\omega - s_{p1})(j\omega - s_{p2})\cdots(j\omega - s_{pn})} \tag{5.28}$$

ここで，図 5.10 に示すように，それぞれの極や零点から虚軸上の $s = j\omega$ へ向けてベクトルを描き，そのベクトルの長さと，角度を次のように定義してみよう．

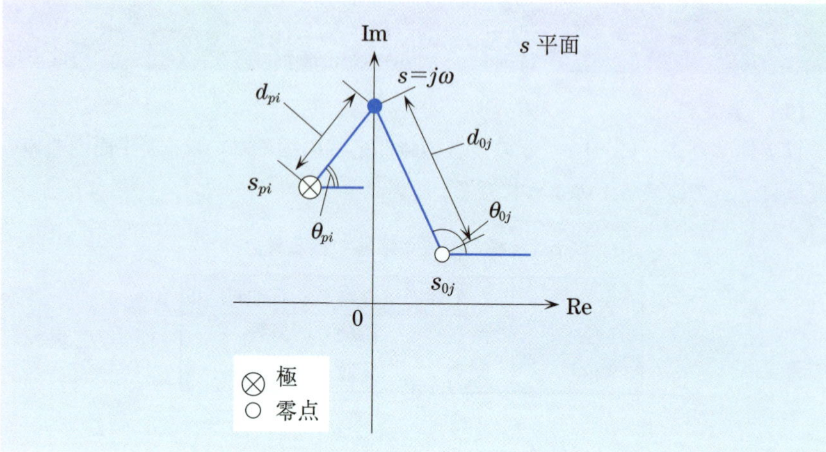

図 5.10　$d_{pi}, d_{0j}, \theta_{pi}, \theta_{0j}$ の意味

すなわち，ベクトルの長さは，虚軸上の点 $s = j\omega$ と極あるいは零点の距離であるから

$$|j\omega - s_{0j}| = d_{0j}, \quad |j\omega - s_{pi}| = d_{pi} \tag{5.29}$$

で与えられ，また角度は

$$\angle(j\omega - s_{0j}) = \theta_{0j}, \quad \angle(j\omega - s_{pi}) = \theta_{pi} \tag{5.30}$$

となる．このような記号を使うと，$H(j\omega)$ の振幅特性は

$$|H(j\omega)| = H\frac{d_{01}d_{02}\cdots d_{0m}}{d_{p1}d_{p2}\cdots d_{pn}} \tag{5.31}$$

位相特性は

$$\angle H(j\omega) = \sum_{j}\theta_{0j} - \sum_{i}\theta_{pi} \tag{5.32}$$

と書くことができる．

したがって，虚軸上の $s = j\omega$ を移動させたときに，これらの値がどう変化するかを調べれば，それがシステムの周波数特性になる．

一例として，極と零点の数が等しく，しかもその配置が図 5.11 に示すように虚軸に対して対称になっている場合を考えてみよう．このときは，組になって

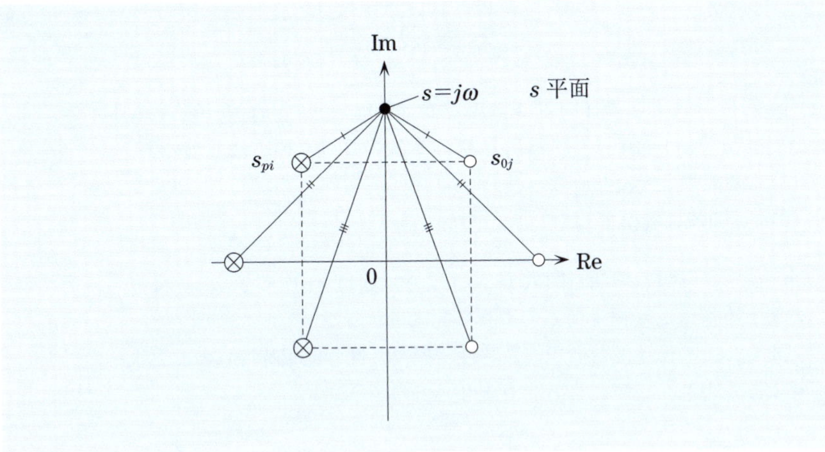

図 5.11 全域通過型特性

いる極と零点に対して

$$d_{pi} = d_{0i} \quad (\text{全ての } i) \tag{5.33}$$

となり，式 (5.30) の分母の d_{pi} と分子の d_{0i} は打ち消し合うから，振幅特性 $|H(j\omega)|$ は周波数によらずに一定となり，位相のみが変化する．したがって，このような特性をもつフィルタ回路は，全域通過型の移相回路となる．

5章の問題

□ **1**　線形システムのインパルス応答が $h(t) = e^{-2t}$ $(t \geq 0)$ であるとき，入力 $x(t) = e^{-t}$ $(t \geq 0)$ に対する出力 $y(t)$ を次の2通りの方法で求めよ．

(1)　時間軸上でたたみこみ積分

(2)　s 領域に変換

□ **2**　線形システムの伝達関数 $H(s)$ が，次の (1)～(3) で与えられるとき，それぞれの極と零点は s 平面上でどのように配置されるか．

また，この伝達関数の周波数特性（振幅特性と位相特性）のおおよその形を図示せよ．ただし，いずれも $a < 0$ とする．

(1)　$\dfrac{1}{s-a}$

(2)　$\dfrac{s}{s-a}$

(3)　$\dfrac{s+a}{s-a}$

6 ラプラス変換と電気回路

ラプラス変換は電気回路において極めて重要な役割を果たしている．その過渡現象を解析したり，インピーダンスという概念を語り利用するときに，ラプラス変換はなくてはならないものである．工学系（特に電気系）の学生なら，電気回路についてはより詳しく学習するはずなので，ここでは簡単にその考え方だけを説明しておこう．

6章で学ぶ概念・キーワード

- ラプラス変換による R，L，C などの回路素子の記述
- ラプラス変換による回路方程式の記述
- 電気回路の過渡現象の解析

6.1　電気回路のラプラス変換を用いた表現とその解

電気回路における次のような問題を考えてみよう．

例題 6.1

図の回路に $v_1(t) = u_1(t)$（段関数電圧）を加えたときの電圧応答 $v_2(t)$ を求めよ．ただし，L に流れる電流の初期値，C の端子間電圧の初期値はいずれも 0 とする．

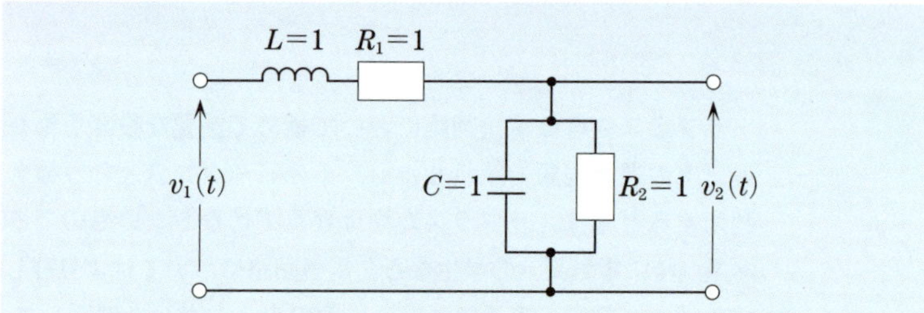

図 6.1　例題 6.1 の回路

【解答】　図には 3 種類の回路素子，すなわち抵抗 R，インダクタ L，キャパシタ C がある．それぞれの素子の特性は，時間軸上では次のように表される．ここに，$v(t)$ は素子の端子間電圧，$i(t)$ は素子に流れる電流である．

$$\text{抵抗} \quad v(t) = Ri(t) \tag{6.1}$$

$$\text{インダクタ} \quad v(t) = L\frac{di(t)}{dt} \tag{6.2}$$

$$\text{キャパシタ} \quad i(t) = C\frac{dv(t)}{dt} \tag{6.3}$$

また，電気回路には，次のようなキルヒホッフの法則がある．

1）　電流則：回路の 1 つの点に流れ込む電流の総和は 0 である（図 6.2 (a) 参照）．

2）　電圧則：回路の 1 つの閉路に沿って電圧の（符号を含めた）総和は 0 である（図 6.2 (b) 参照）．

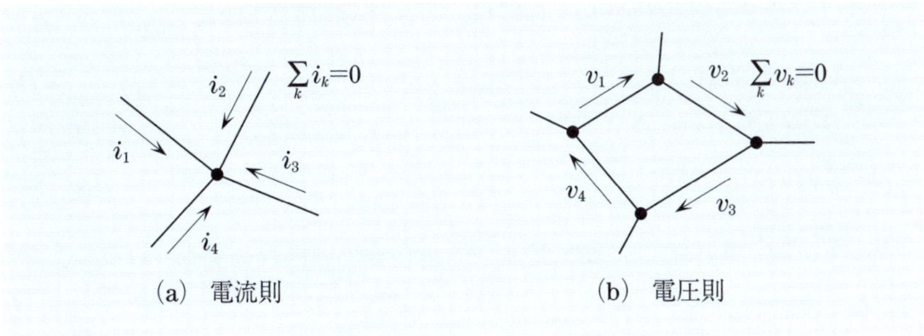

図 6.2　キルヒホッフの法則

すなわち,

$$\sum_k i_k(t) = 0 \tag{6.4}$$

$$\sum_k v_k(t) = 0 \tag{6.5}$$

さて, 図 6.1 のような電気回路の応答を時間軸上で直接求めようとすると, これらの基本式を組合せた方程式を解かなければならない. それは一般には定係数の（連立）線形常微積分方程式となる.

ラプラス変換は, このような電気回路の応答を簡単に求めるための便法として提案された. 以下では, その要点だけをまとめて, 具体的に上記の例題を解いてみよう.

まず, 基本回路素子（抵抗, インダクタ, キャパシタ）の特性をラプラス変換すると次のようになる.

- 抵抗

$$v(t) = Ri(t) \underset{\mathcal{L}}{\longrightarrow} V(s) = RI(s) \tag{6.6}$$

- インダクタ

$$v(t) = L\frac{di(t)}{dt} \underset{\mathcal{L}}{\longrightarrow} V(s) = sLI(s) - Li(0) \tag{6.7}$$

- キャパシタ

$$i(t) = C\frac{dv(t)}{dt} \underset{\mathcal{L}}{\longrightarrow} I(s) = sCV(s) - Cv(0) \tag{6.8}$$

したがって, インダクタの初期値を $i(0) = 0$, キャパシタの初期値を $v(0) = 0$

とすれば，ラプラス変換された形では，

$$V(s) = RI(s) \tag{6.9}$$

$$V(s) = sLI(s) \tag{6.10}$$

$$V(s) = \frac{1}{sC}I(s) \tag{6.11}$$

となって，sL，$1/(sC)$ は抵抗 R と同じ単なる比例係数となっていることがわかる．これらをまとめて示すと

$$V(s) = Z(s)I(s) \tag{6.12}$$

ただし，$Z(s) = R$（抵抗），sL（インダクタ），$1/(sC)$（キャパシタ）

ここに $Z(s)$ は**インピーダンス**（impedance）と呼ばれている．その逆数は**アドミタンス**（admittance）である．

一方，時間関数に対するキルヒホッフの法則式 (6.4)，(6.5) はラプラス変換しても同じ形になる．すなわち，

$$\sum_k I_k(s) = 0 \tag{6.13}$$

$$\sum_k V_k(s) = 0 \tag{6.14}$$

これより，ラプラス変換した形の電気回路は，インピーダンスを抵抗のように考えれば，直流回路と同じように扱ってよいことになる．これがラプラス変換の，この上ないメリットである．

なお，このようにラプラス変換して電気回路を扱うと，最後に時間関数を求めるときにラプラス逆変換が必要になる．第3章の3.3節で述べた**ヘビサイドの展開定理**，ならびに3.4節の展開係数の求め方は，この逆変換の有力な道具となる．

以上の準備のもとに，例題6.1を解いてみよう．

回路を図6.3のように考えると，入力 $V_1(s)$ と出力 $V_2(s)$ の関係は

$$V_2(s) = \frac{Z_2(s)}{Z_1(s) + Z_2(s)}V_1(s) \tag{6.15}$$

となる．ここに $Z_1(s)$ と $Z_2(s)$ は，$Z_1(s)$ が sL と R_1 の直列に接続したインピーダンス，$Z_2(s)$ が $1/(sC)$ と R_2 を並列に接続したインピーダンスであるか

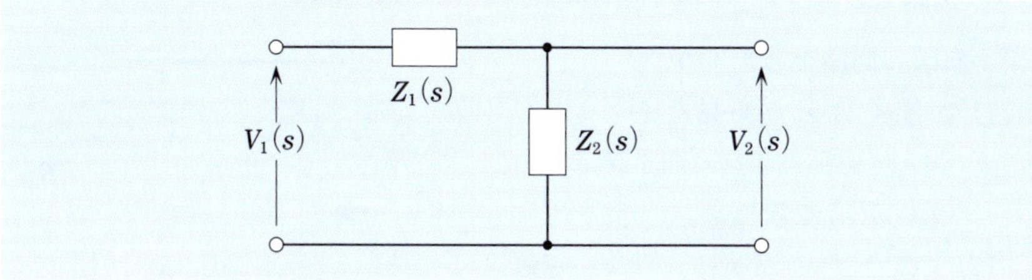

図 6.3 図 6.1 の回路のラプラス変換

ら，それぞれ

$$Z_1(s) = sL + R_1 = s + 1$$
$$Z_2(s) = \frac{1}{sC + \frac{1}{R_2}} = \frac{1}{s+1}$$

で与えられる．また入力は段関数電圧であるから $V_1(s) = 1/s$ である．

したがって，これらを式 (6.15) に代入して整理すると

$$\begin{aligned} V_2(s) &= \frac{\frac{1}{s+1}}{(s+1) + \frac{1}{s+1}} \cdot \frac{1}{s} \\ &= \frac{1}{(s+1)^2+1}\frac{1}{s} \\ &= -\frac{1}{2}\frac{s+1}{(s+1)^2+1} - \frac{1}{2}\frac{1}{(s+1)^2+1} + \frac{1}{2s} \end{aligned} \tag{6.16}$$

最後に，$V_2(s)$ をラプラス逆変換すれば，応答 $v_2(t)$ が求められる．すなわち

$$v_2(t) = -\frac{1}{2}e^{-t}\cos t - \frac{1}{2}e^{-t}\sin t + \frac{1}{2}u_1(t) \tag{6.17}$$

これが例題 6.1 の解である．微分方程式を解くことなく，直流回路と同様な手順で応答が求められている． ■

例題 6.2

右図の回路を考えよう．

(1)　端子 A-B から見たインピーダンス（駆動点インピーダンスという）$Z(s)$ を求めよ．

(2)　この $Z(s)$ が s によらない定数になるための R_1，R_2，L，C の条件を求めよ．

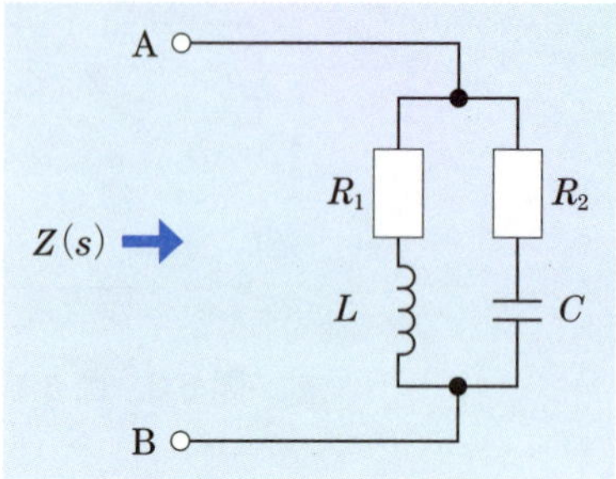

図 6.4　例題 6.2 の回路

【解答】（1）　与えられた回路を図 6.5 のように考えると，

$$Z(s) = \frac{Z_1(s)Z_2(s)}{Z_1(s)+Z_2(s)}$$

$$Z_1(s) = R_1 + sL$$

$$Z_2(s) = R_2 + \frac{1}{sC}$$

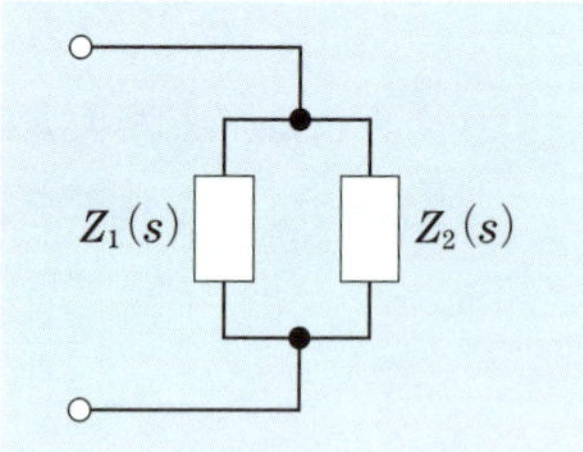

図 6.5

ゆえに

$$Z(s) = \frac{(R_1+sL)\left(R_2+\dfrac{1}{sC}\right)}{(R_1+sL)+\left(R_2+\dfrac{1}{sC}\right)}$$

(2)　$Z(s) = k$（定数）とおいて整理すると

$$sL(R_2-k) + \frac{1}{sC}(R_1-k) + \left(R_1R_2+\frac{L}{C}\right) - k(R_1+R_2) = 0$$

したがって，これが s によらず成立するためには

$$R_2 - k = 0, \qquad R_1 - k = 0, \qquad \left(R_1R_2+\frac{L}{C}\right) - k(R_1+R_2) = 0$$

でなければならない．この最初の 2 つの式から，$R_1 = R_2 = k$ が得られ，これを 3 番目の式に代入すると $R_1{}^2 = \dfrac{L}{C}$ が得られる．

したがって，求める条件は

$$R_1 = R_2 = \sqrt{\frac{L}{C}} \tag{6.18}$$

となる．■

6.2 過渡現象の解析

電気回路にスイッチを入れるなどして急な変化を与えたときに，過渡的におこる電流や電圧の変化を**過渡現象** (transient phenomena) という．以下では，簡単な例題によってその求め方を説明しよう．

なお，以下では必要に応じて 2 通りの電源を仮定する．ひとつは，外部に接続した回路に関係なくあらかじめ定められた電圧（直流の場合は一定電圧，交流電源の場合は一定の振幅の正弦波電圧）を発生する電源で**定電圧源**と呼ばれる．これは，直流の場合は図 6.6 (a) の記号で，必ずしも直流でない一般の電源の場合は (b) の記号で示される．

これとは別に，外部に接続した回路に関係なくあらかじめ定められた電流（直流の場合は一定電流，交流の場合は一定の振幅の正弦波電流）を流す電源もある．これは**定電流源**と呼ばれており，図 6.6 の (c) の記号で表現する．

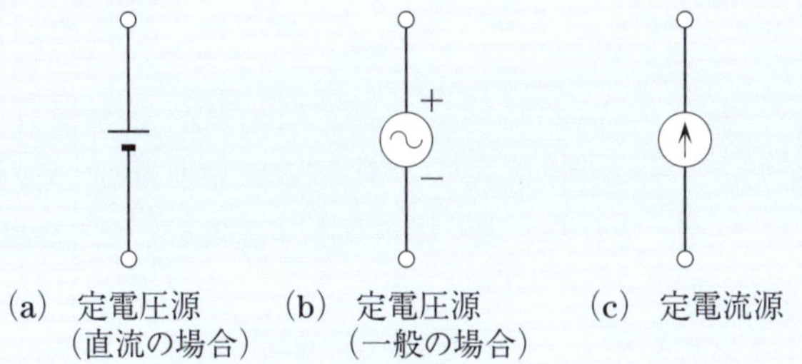

図 6.6 電源の記号

例題 6.3

図 6.7 の回路において，スイッチを $t=0$ で閉じたときの電流応答 $i(t)$ を求めよ．ただし，$i(t)$ の初期値は $i(0)=0$ とする．

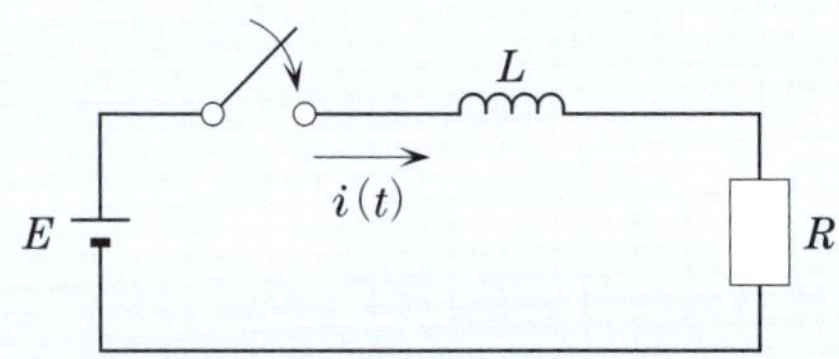

図 6.7 例題 6.3 の回路

【解答】 ラプラス変換された回路方程式は，

$$(sL+R)I(s)=\frac{E}{s} \tag{6.19}$$

で与えられる．ここにスイッチを入れた直流電源は，段関数電圧を発生する電源とみなしている．式 (6.19) を解くと

$$I(s)=\frac{E}{s}\frac{1}{sL+R}=\frac{E}{R}\left(\frac{1}{s}-\frac{1}{s+1/\tau}\right) \tag{6.20}$$

ただし

$$\tau=\frac{L}{R} \tag{6.21}$$

したがって，電流応答 $i(t)$ は次式で与えられる．

$$i(t)=\frac{E}{R}(1-e^{-\frac{t}{\tau}}) \tag{6.22}$$

ここに，$\tau=L/R$ は RL 回路の時定数 (time-constant) と呼ばれている (注)．■

注意 実はこの例題は，第 3 章の例題 3.1 において初期値を 0 としたものに相当している．□

以上の例題では，インダクタやキャパシタにおける電流，電圧の初期値は 0 であると仮定したが，それを考慮してラプラス変換をしたときはそれぞれ次のようになる．

すなわち，インダクタ L については，初期値を考慮すると

$$V(s)=sLI(s)-Li(0) \tag{6.23}$$

あるいは，これを変形してと

$$I(s)=\frac{1}{sL}V(s)+\frac{1}{s}i(0) \tag{6.24}$$

となるから，等価回路は図 6.8 の (b) または (c) のようになることがわかる．

また，キャパシタ C については，

$$I(s)=sCV(s)-Cv(0) \tag{6.25}$$

あるいは，これを変形して

$$V(s)=\frac{1}{sC}I(s)+\frac{1}{s}v(0) \tag{6.26}$$

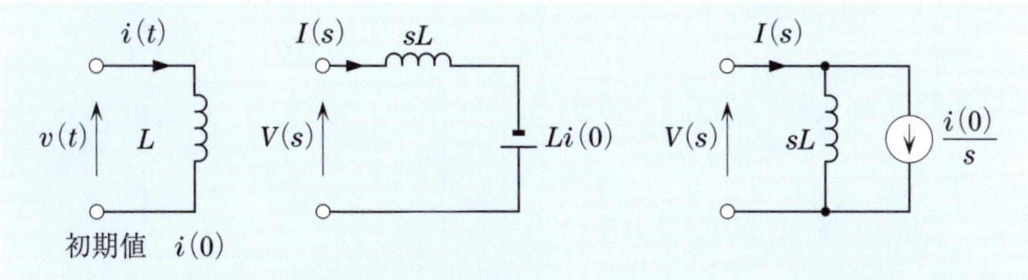

(a) 原回路 (b) 等価回路 1 (c) 等価回路 2

図 6.8 インダクタ L の等価回路

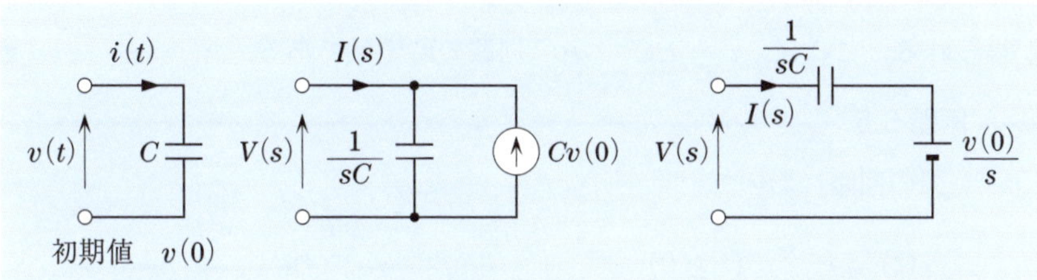

(a) 原回路 (b) 等価回路 1 (c) 等価回路 2

図 6.9 キャパシタ C の等価回路

となるから，等価回路は図 6.9 の (b) または (c) となる．

例題 6.4

図 6.10 の回路において，スイッチを $t=0$ で閉じたときの電流 $i(t)$, $t \geq 0$ を求めよ．ただし，キャパシタ C の初期値電圧は $v(0) \neq 0$ とする．

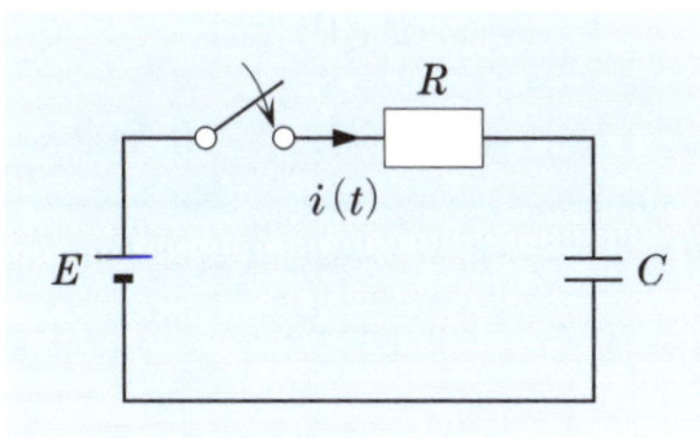

図 6.10 例題 6.4 の回路

【解答】 ラプラス変換されたあとの回路は，初期値の等価回路（図 6.9 (c)）を考慮すると図 6.11 のようになるから，回路方程式は

$$I(s)\left(R+\frac{1}{sC}\right)=\frac{1}{s}\{E-v(0)\}$$

したがって，電流 $I(s)$ は

$$I(s)=\frac{1}{R}\frac{1}{s+\frac{1}{\tau}}\{E-v(0)\}$$

ただし，$\tau=RC$ となり，これを逆変換して

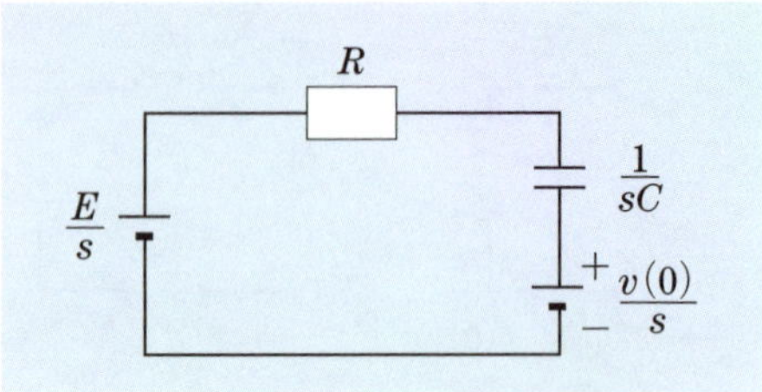

図 6.11　図 6.10 の等価回路

$$i(t)=\frac{E-v(0)}{R}e^{-\frac{t}{\tau}} \tag{6.27}$$

が得られる．ここに，$\tau=RC$ は RC 回路の時定数である．■

例題 6.5

右図の回路において

$v_0(t)=e^{-2t}\quad(t\geq 0)$

$R=\dfrac{1}{2}$

$L=1$

$C=1$

初期値　$i_L(0)=2$

　　　　$v_C(0)=1$

とする．電圧 $v(t)$，$t\geq 0$ を求めよ．

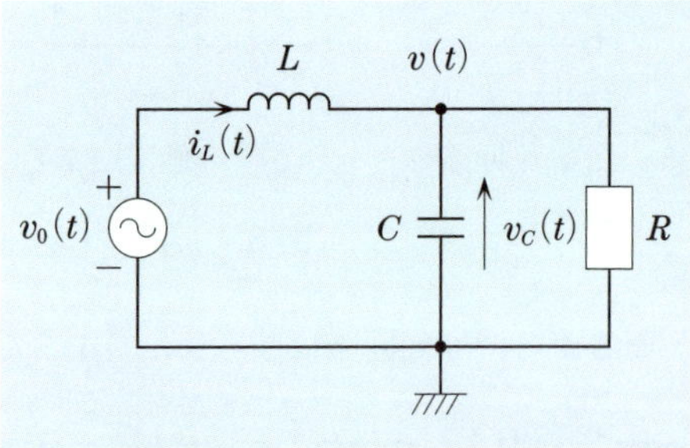

図 6.12　例題 6.5 の回路

【解答】　ラプラス変換された等価回路は図 6.13 のようになる．$I_1(s)$，$I_2(s)$，$I_3(s)$ をそれぞれ図に示すように定義すると

$$V(s)=I_1(s)\cdot s+\left(\frac{1}{s+2}+2\right)$$

$$V(s)=I_2(s)\cdot\frac{1}{s}+\frac{1}{s}$$

$$V(s)=I_3(s)\cdot\frac{1}{2}$$

したがって，

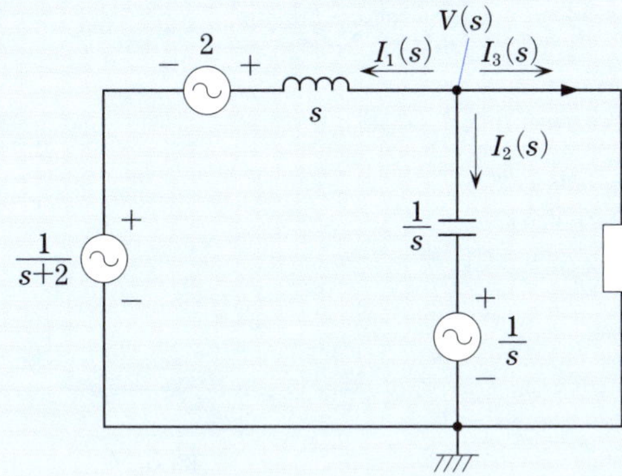

図 6.13　図 6.12 の等価回路

$$
\begin{aligned}
I_1(s) &= \frac{1}{s}\left\{V(s) - \left(\frac{1}{s+2} + 2\right)\right\} \\
I_2(s) &= s\left\{V(s) - \frac{1}{s}\right\} \\
I_3(s) &= 2V(s)
\end{aligned}
$$

キルヒホッフの電流則（式 (6.13)）によって，この電流の総和は 0 であるから，加えて整理すると

$$
\left(\frac{1}{s} + s + 2\right)V(s) - \frac{1}{s}\left(\frac{1}{s+2} + 2\right) - 1 = 0
$$

これより電圧 $V(s)$ が求められる．結果を示すと

$$
V(s) = \frac{s^2 + 4s + 5}{(s+1)^2(s+2)} = \frac{2}{(s+1)^2} + \frac{1}{s+2}
$$

となり，ラプラス逆変換して

$$
v(t) = 2te^{-t} + e^{-2t} \tag{6.28}
$$

が得られる．■

6章の問題

□ **1** 図6.14の回路で $t=0$ においてスイッチSを閉じたときに L と R_3 の直列回路に流れる電流をラプラス変換を用いて求めよ．

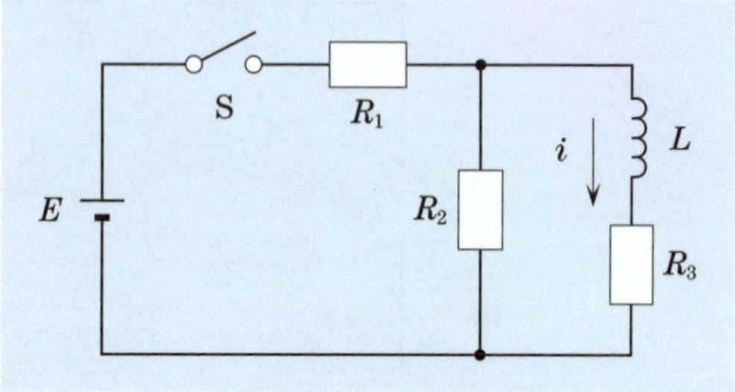

図6.14

□ **2** 次の回路の伝達関数を求め，単位段関数電圧 $u_1(t)=1$ $(t\geq 0)$ を入力に加えたときの出力電圧応答を求めよ．ただし，初期条件は全て0とする．

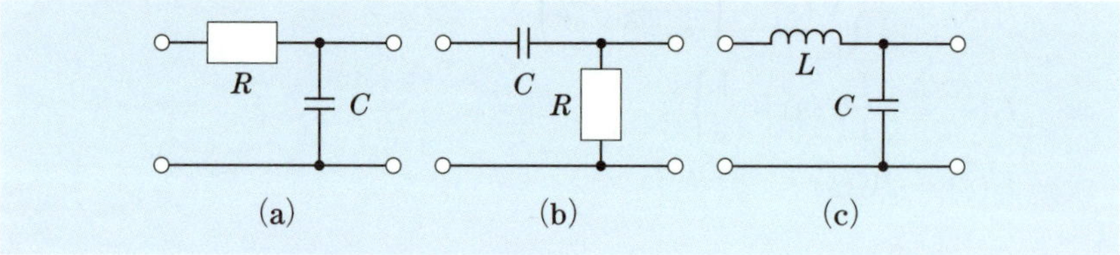

図6.15

□ **3** ある未知の2端子線形回路網に大きさ10Vの段関数電圧 $E(t)$ を加えたところ，

$$i(t)=20(e^{-t}-e^{-3t})\,[\mathrm{A}]\quad (t>0)$$

なる電流が流れたという．

(1)　この応答を実現する線形回路網の一例を示せ．

(2)　同じ回路に $i(t)=20(e^{-t}-e^{-2t})\,[\mathrm{A}]$ $(t>0)$ なる電流を流すためには，どのような電圧 $e(t)$ を入力に加えるべきか．

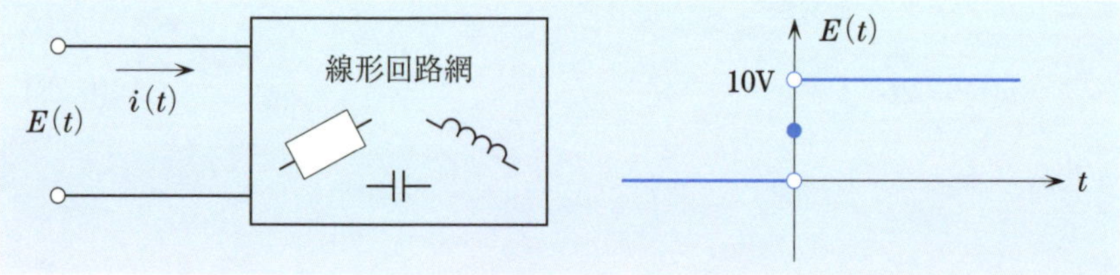

図6.16

7 ラプラス変換と制御工学

ラプラス変換や z 変換がよく現れる学問に制御工学がある．主として連続時間システムを扱う古典制御理論では，制御対象を線形微分方程式で記述し，これをラプラス変換した伝達関数が重要な役割を果たす．時間関数にもどすことさえ極めて少なく，ラプラス変換形での議論で終わることも多い．ラプラス空間に生きるとでもいうべき訓練が必要となる．

また，現在ではマイクロプロセッサを用いたディジタル制御が主流となっているため，離散時間制御システムの解析や設計には第 8 章以降で扱う z 変換が使われる．しかし，基本的な制御論理はラプラス変換を用いて設計されることも少なくない．

制御工学の全容を本書の限られた紙面で記述することは極めて困難であるが，本章では，主としてラプラス変換がどのように使われるのかという点に注意しながら概略を述べ，制御工学という大海原に乗り出すための一助としたい．

7 章で学ぶ概念・キーワード

- 制御システムの基本構成
- システム動特性の表現
- 伝達関数の計算
- 状態変数と状態方程式
- 状態方程式から伝達関数への変換

7.1　制御システムの構成

車の速度を望みの値にする，エアコンによって部屋の温度を調節する，飛行機を落とさずに飛ばす，配電電圧を一定に保つ，動物の体温が外気温によらず一定に保たれる，など，行動や現象が望ましい値に調節されているものが身の回りにはたくさんある．これらの裏には，結果と目標に差がある場合，これをもとにもどす作用が働いていると考えられる．これをフィードバックという．多くの場合，意味があるのは負のフィードバック（ネガティブフィードバック）であり，目標と結果の差を小さくするように働く機能をいう．

車の運転を例にとってみよう．速度計を読んで得られる車の速度は，頭の中で作られる目標速度と比較され，脳に送られる．速度が目標に達しなければアクセルを踏み，逆であればアクセルをゆるめる指令が足に出る．これによって車は加速されたり減速されたりし，その結果として実現される車速は再び速度計に現れる．そのようすを図 7.1 に示す．重要なことは情報の流れが閉じたループを作っていることである．

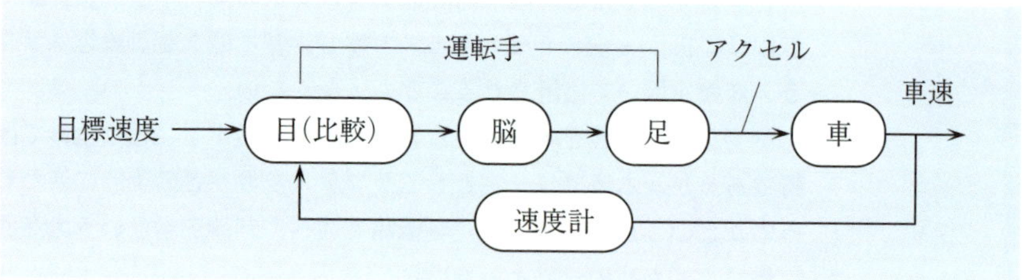

図 7.1　車の運転

このような閉じた信号経路をもつシステムを,「閉ループ制御系」または「フィードバック制御系」といい，制御は対象に予測し難い変化要因がある場合に適している．一方，閉じた信号経路をもたなくても，立派に仕事をするシステムもある．「開ループ制御系」という．信号の経路は一方向であり，結果は原因に戻されない．制御対象の性質をよく知っている場合に適している．

図 7.2 に，一般的なフィードバック制御系の構成を示す．

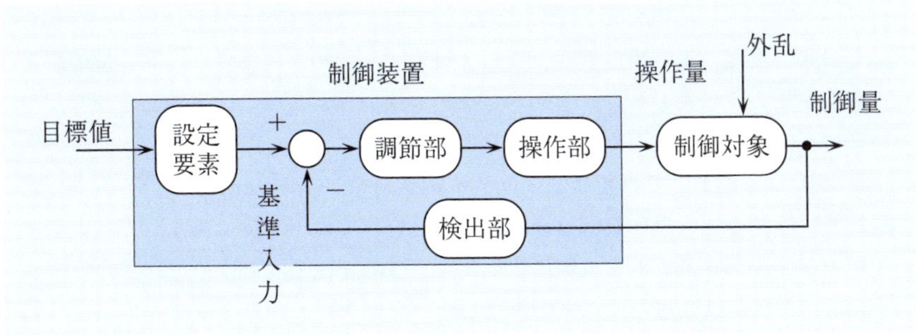

図 7.2　フィードバック制御系の構成

制御工学の歴史

制御工学は約 100 年前に生まれ，ここ 50 年ほどの間に体系化されてきた比較的新しい学問分野である．ここでは制御工学の歴史を簡単にまとめておこう．

幕開けは，ワットの蒸気機関と遠心調速機（1865〜1870 年頃）である．産業革命の原動力となった蒸気機関はあまりにも有名であるが，それを支えたのはガバナ（遠心調速機，図 7.3）である．回転数が上昇すると遠心錘が開き，弁の開度を小さくする．回転速度の目標値は，調速機のある部分の位置（基準入力）で設定され，実際の回転速度はほぼ一定に保たれる．これがフィードバック制御の始まりである．

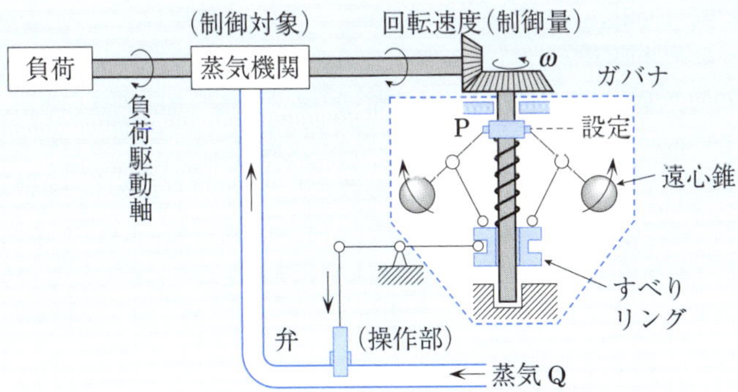

図 7.3　遠心調速機

[次のページへ]

[前のページより]

その後，速度の制御精度の向上要求に対処するため，技術者は，遠心錘の感度を高くすることに腐心した．しかし，この方法ではシステムは振動的となり，ついには不安定となることがわかってきた．

1868年，電磁気学で有名なマクスウェルは，“On Governors”という論文を著し，蒸気機関の回転速度制御は遠心錘の改良だけでは不十分であり，ガバナを含む複雑な非線形システムを大胆に線形化し，これを記述する微分方程式の安定性を議論しなければならないことを指摘した．マクスウェルは3次までの系について安定性の必要十分条件を導いたが，制御系に積分動作をもたせた高次系については完全に解くことができなかった．

一般的な安定判別法の開発は，アダムズ賞の懸賞問題となった．マクスウェルの呼びかけに答える形で多くの安定判別法が考案され，ラウスが勝利をおさめたのである．これがラウスの安定判別法（1877）である．安定性については，リアプノフ（漸近安定性，1892），フルヴィッツ（安定判別，1895）などの仕事がある．

続いて実用的な自動制御理論が確立され，周波数領域での補償要素設計理論が大きく進歩した．主なできごととしては，ナイキスト（フィードバック回路の安定性の図式判別，1932），ボーデ（ボーデ線図，1940），ウィナー，コロモゴロフ（予測理論，1941），エバンス（根軌跡法，1948），ウィナー（サイバネティクス，1948）などがある．1950年代に入ると，古典制御にかわって，時間領域での制御系設計，多入出力系の取り扱いを特徴とする現代制御理論が生まれた．主なできごとは，ベルマン（ダイナミックプログラミング，1952），ポントリヤーギン（最大原理，1956），カルマン（カルマンフィルタ，1960）などがある．特にカルマンは，状態空間法を考案し現代制御理論の基礎を築いた．

現代制御理論は，図形的な手法を主に用いてきた古典制御理論に対し，数式を多用する代数的な手法であったため，現場の技術者に嫌われ，いわゆる「理論と現実の乖離」が生じた．また制御対象の数式モデルが得られることを前提としたが，現実にはこの要求は満たされないことが普通であった．このような反省から，モデル依存形制御理論からの脱却を目指した研究がさかんに行われるようになり，古典制御理論を包括する新しい制御理論として，周波数領域での最適化の数理，すなわちH_∞最適制御理論が生まれた．そのほか，2自由度構造の再認識，大規模システム制御，非線形システム制御，ディジタル制御系設計，学習・適応制御，AI・ファジー技術の応用など著しい進展が見られている．

7.2 システム動特性の表現と伝達関数

(1) 伝達関数

制御工学で相手にする制御対象はダイナミクスをもっている．ダイナミクスとは「過去をおぼえている」ということである．つまり，未来の状態変化が，入力によって直ちに定まるのではなく，現在の状態に影響されるようなシステムの性質をいう．

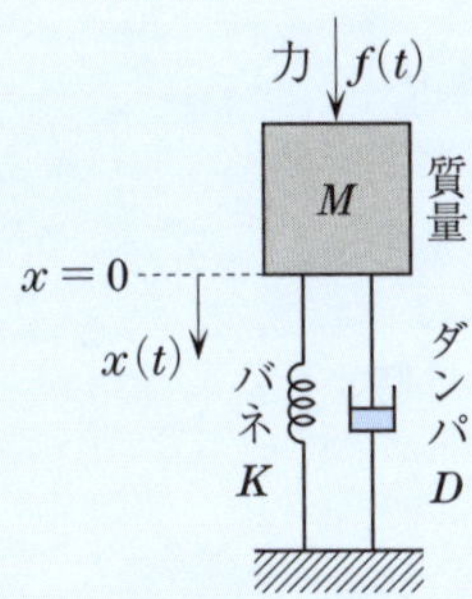

図 7.4　バネ・マス・ダンパ系

例えば図 7.4 の直線運動をする機械系（バネ・マス・ダンパ系）に入力として外から力 $f(t)$ を加えて運動させたとき，物体の変位 $x(t)$ を出力とすれば，入出力関係は次のような線形の微分方程式で表すことができる．

$$M\frac{d^2x(t)}{dt^2}+D\frac{dx(t)}{dt}+Kx(t)=f(t) \tag{7.1}$$

ただし，M は物体の質量，D はダンパの制動係数，K はバネ定数である．

微分方程式表現は，他の表現法の基礎であって非常に重要であるが，そのままでは取り扱いにくく，制御系の解析や設計には便利なものではない．この欠点を補い，代数的関係によって制御系の入出関係を表現するのが伝達関数であり，図 7.4 の系の場合，

$$G(s)=\frac{X(s)}{F(s)}=\frac{1}{Ms^2+Ds+K} \tag{7.2}$$

と表される．

その他，代表的な要素の伝達関数をいくつかあげると，

比例要素：

$$G(s) = K \quad (K \text{ は定数})$$

微分要素：

$$G(s) = s$$

積分要素：

$$G(s) = \frac{1}{s}$$

1 次遅れ要素：

$$G(s) = \frac{1}{1 + Ts} \quad (T \text{ は時定数})$$

2 次遅れ要素：

$$G(s) = \frac{\omega_n^2}{s^2 + 2\zeta\omega_n s + \omega_n^2} = \frac{1}{1 + 2\zeta\tau_n s + \tau_n^2 s^2}$$

（ただし，ω_n は固有角周波数，ζ は減衰定数，また，$\tau_n = 1/\omega_n$）

無駄時間要素：

$$G(s) = e^{-Ts} \quad (T \text{ は無駄時間})$$

などがある．

(2) 周波数応答関数

線形システムにある振幅と周波数の正弦波を入力すると，出力にも正弦波が現れる．この関係を表すのが周波数応答関数であって，ラプラス変換とは 1 対 1 の関係があり，ラプラス変換の s を形式的に $j\omega$ におきかえると周波数応答関数になる．

周波数応答関数 $G(j\omega)$ はゲイン（利得または振幅）と位相をもち，ともに角周波数 ω の関数になる．これを，ゲイン特性，位相特性といい，両者を合わせて周波数特性という．周波数特性は実測しやすく，また図示すると一目でその系の特性が読み取れるので便利であり，さまざまな表現法が工夫されている．

［ボーデ線図］

周波数特性を，ゲインと位相の両方で別々の図に表現する方法である．角周波数は $\log\omega$ を横軸にとる．ゲイン特性は縦軸に $20\log|G(j\omega)|$ にとりデジベル [dB] 表示する．デジベル表示は $\log|G(j\omega)|^2$ を 10 倍したものであるから実はエネルギー伝送のようすを表しているとも考えられる．このような表示は周波数や音圧に対して人間の感覚が対数的になっていることにも関係がある．位相特性はそのまま縦軸に位相を度 [°] またはラジアンで表す．

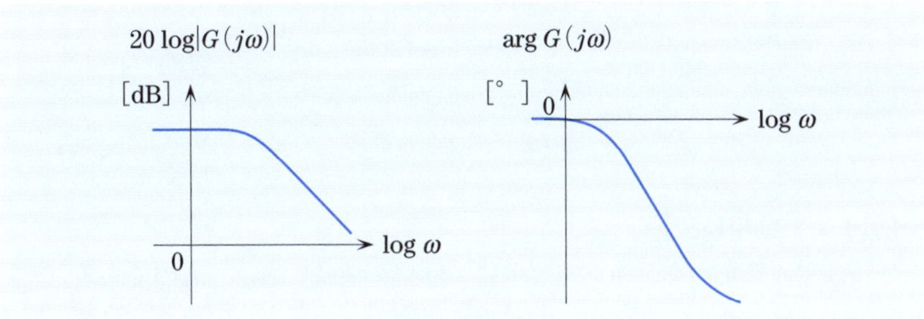

図 7.5　ボーデ線図

図 7.5 のように，ω の高域でゲインが下降する特性を低域通過特性というが，ボーデ線図は周波数に対するゲインと位相の特性が明確である．また，伝達関数が直列に接続されている場合は，ゲイン，位相ともボーデ線図上では和になる（つまり，ゲインや位相をそれぞれ上下させるだけでよい）．

［ベクトル軌跡］

周波数特性は複素数になるので，これを実部と虚部にわけて考え，周波数をパラメータにして複素平面上に軌跡を描いたものである．

$$G(j\omega) = x(\omega) + jy(\omega) \tag{7.3}$$

を描くので，振幅と位相は，

$$|G(j\omega)| = \sqrt{x^2 + y^2} \tag{7.4}$$

$$\arg G(j\omega) = \tan^{-1}\frac{y}{x} \tag{7.5}$$

である．ベクトル軌跡は周波数が陽に表示されないという欠点があるが，ゲインと位相の両方が同時に表示されるので便利である．

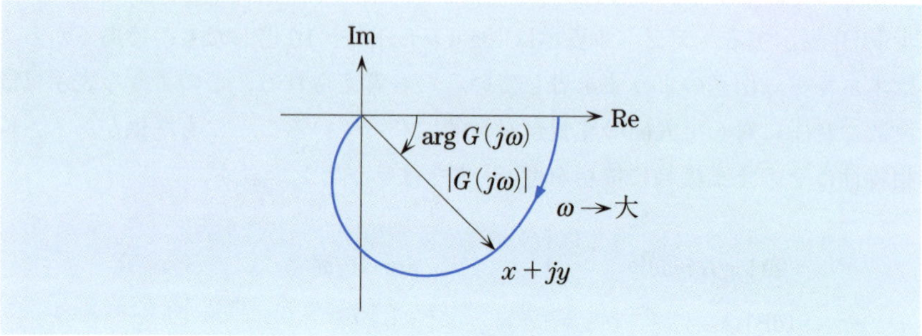

図 7.6　ベクトル軌跡

［ゲイン・位相線図］

これは周波数特性をゲインを縦軸に，位相を横軸に描いたものである．ただし，ゲインは対数をとってデシベル表示にする．やはり，周波数がパラメータとして扱われるので陽に現れないが，ゲインと位相が同時に表現できるので，制御系設計には大変有用である．

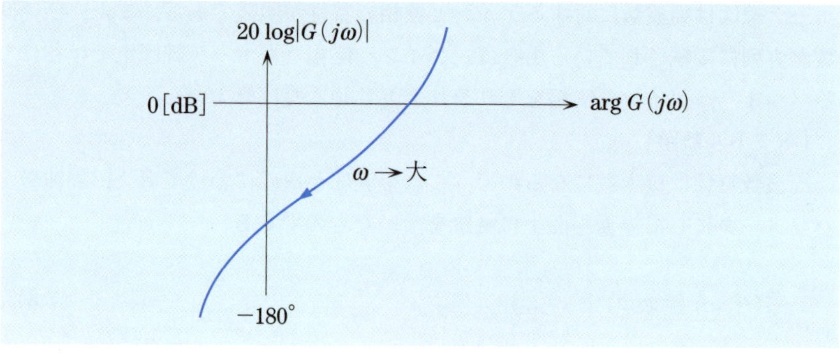

図 7.7　ゲイン・位相線図

(3)　伝達要素の合成

伝達関数のすぐれた点のひとつは，いくつかの伝達要素の合成が簡単に求められるということである．直列接続と並列接続は自明であるので省略し，制御

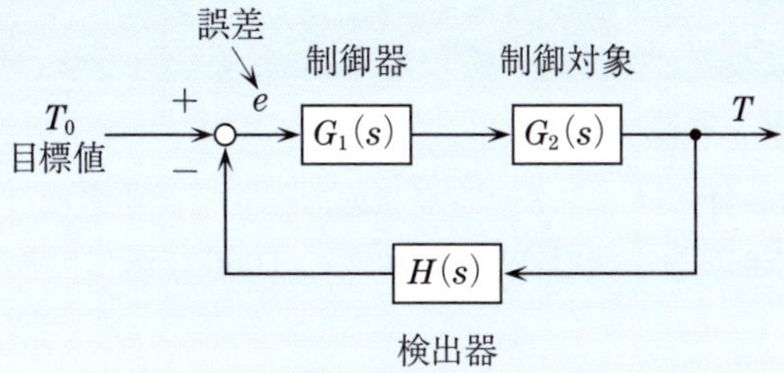

図 7.8 フィードバック制御系

工学に特徴的な図 7.8 のフィードバック系について説明する．

図 7.8 は，室温 T を目標温度 T_0 に設定するシステムのブロック線図である．$H(s)$ は温度センサーの伝達特性である．センサー出力と目標温度との誤差を制御器と操作器（ヒータ）$G_1(s)$ に入力する．$G_2(s)$ は，ヒータの熱量が制御対象に与える影響を表す伝達関数であり，室内の空気の温度が制御対象となる．

このシステムの特性を計算してみよう．

$$
\begin{aligned}
E(s) &= T_0(s) - H(s)T(s) \\
&= T_0(s) - H(s)G_1(s)G_2(s)E(s) \\
\therefore \quad E(s) &= \frac{1}{1 + G_1(s)G_2(s)H(s)} T_0(s) \qquad (7.6)
\end{aligned}
$$

したがって，

$$
\begin{aligned}
T(s) &= G_1(s)G_2(s)E(s) \\
&= \frac{G_1(s)G_2(s)}{1 + G_1(s)G_2(s)H(s)} T_0(s) \qquad (7.7)
\end{aligned}
$$

とやや複雑な形になる．ここに，$G_1(s)G_2(s)H(s)$ のことを一巡伝達関数または開ループ伝達関数という．

7.3 状態方程式

(1) 状態変数と状態方程式

現代制御理論の特徴は，システムを状態方程式で記述することである．これに続く一連の制御理論を状態空間法といい，1960 年頃にカルマンが基礎をつくった．

一般システムの状態方程式は，

$$\frac{d\boldsymbol{x}}{dt} = f(\boldsymbol{x},\ \boldsymbol{u}) \tag{7.8}$$

$$\boldsymbol{y} = g(\boldsymbol{x},\ \boldsymbol{u}) \tag{7.9}$$

という 1 階の微分方程式 (7.8) と出力方程式 (7.9) で記述される．$\boldsymbol{x}$ が状態変数であり，$\boldsymbol{u}$ が制御入力変数，$\boldsymbol{y}$ は出力変数と呼ばれる．具体例については，本章の章末問題 2 を参照のこと．

(2) 線形状態方程式

さて，状態方程式を線形のものに限って，もう少し先を説明しよう．

$$\dot{\boldsymbol{x}} = A\boldsymbol{x} + B\boldsymbol{u} \tag{7.10}$$

$$\boldsymbol{y} = C\boldsymbol{x} + D\boldsymbol{u} \tag{7.11}$$

これを線形状態方程式という．これを，一般の非線形システムにおける，ある動作点まわりの摂動システムであると考えれば，

$$A = \frac{\partial \boldsymbol{f}}{\partial \boldsymbol{x}},\ B = \frac{\partial \boldsymbol{f}}{\partial \boldsymbol{u}},\ C = \frac{\partial \boldsymbol{g}}{\partial \boldsymbol{x}},\ D = \frac{\partial \boldsymbol{g}}{\partial \boldsymbol{u}} \tag{7.12}$$

として得られる．A の内容を具体的に書くと，

$$A = \begin{bmatrix} \dfrac{\partial f_1}{\partial x_1} & \dfrac{\partial f_1}{\partial x_2} & \cdots\cdots\cdots & \dfrac{\partial f_1}{\partial x_n} \\ \dfrac{\partial f_2}{\partial x_1} & \dfrac{\partial f_2}{\partial x_2} & \cdots\cdots\cdots & \dfrac{\partial f_2}{\partial x_n} \\ \vdots & & \ddots & \dfrac{\partial f_{n-1}}{\partial x_n} \\ \dfrac{\partial f_n}{\partial x_1} & \dfrac{\partial f_n}{\partial x_2} & \cdots \quad \dfrac{\partial f_n}{\partial x_{n-1}} & \dfrac{\partial f_n}{\partial x_n} \end{bmatrix} \tag{7.13}$$

となる．B，C，D も同様に得られる．

線形状態方程式，出力方程式の，ベクトルや行列のサイズは以下の通りである．

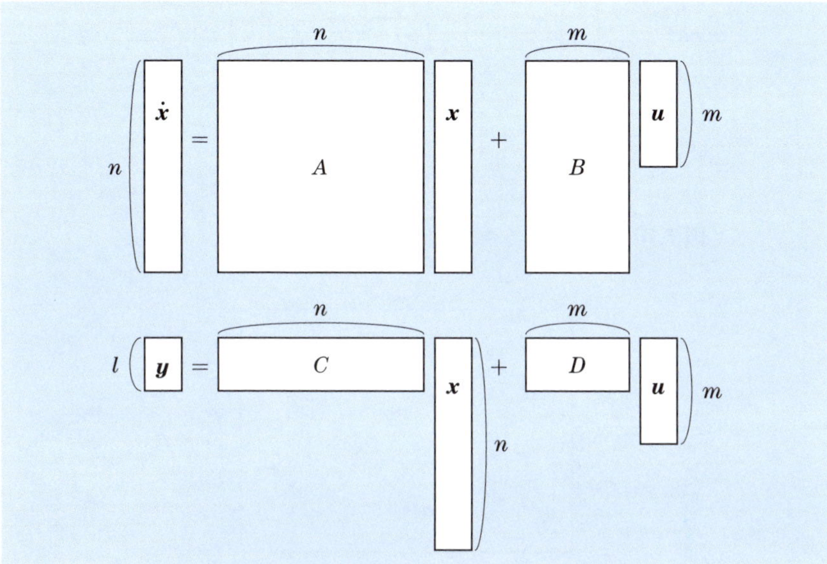

図 7.9　線形状態方程式のマトリックスサイズ

この状態方程式表現を伝達関数ブロック図で描いたものが図 7.10 である．入力 $\boldsymbol{u}$ が入って出力 $\boldsymbol{y}$ が出力される古典的な伝達関数で表現されるシステムであることには変わりがない．その中身を状態変数というものを使って一歩踏み込んで表現したものともいえる．I は単位行列である．

また，入力 $\boldsymbol{u}$ が入って出力 $\boldsymbol{y}$ が出るのであるから，ひとつひとつの入力から全部の出力への伝達関数を並べれば，入出力関係を表現することができる．それは，伝達関数を成分とする伝達関数行列となる．

(3)　状態方程式から伝達関数への変換

本書では，ラプラス変換の応用例として，図 7.10 の状態方程式表現と，図 7.11 の伝達関数行列との相互変換について説明しておこう．

ここでは紙面の都合で，状態方程式から伝達関数への変換だけを説明する．

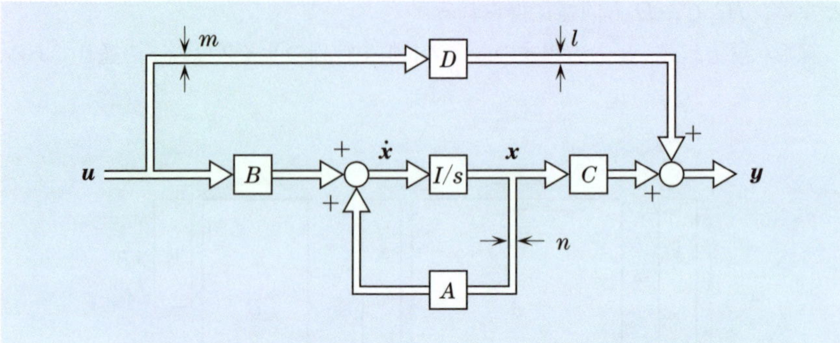

図 7.10 線形状態方程式の伝達関数ブロック図による表現

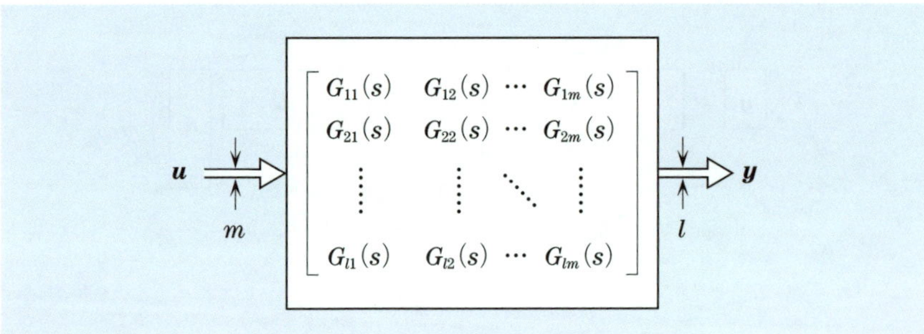

$$\begin{bmatrix} G_{11}(s) & G_{12}(s) & \cdots & G_{1m}(s) \\ G_{21}(s) & G_{22}(s) & \cdots & G_{2m}(s) \\ \vdots & \vdots & \ddots & \vdots \\ G_{l1}(s) & G_{l2}(s) & \cdots & G_{lm}(s) \end{bmatrix}$$

図 7.11 伝達関数行列との対応

まず，式 (7.10)，(7.11) をラプラス変換する．

$$s\boldsymbol{X}(s) = A\boldsymbol{X}(s) + B\boldsymbol{U}(s) \tag{7.14}$$

$$\boldsymbol{Y}(s) = C\boldsymbol{X}(s) + D\boldsymbol{U}(s) \tag{7.15}$$

式 (7.14) より，

$$(sI - A)\boldsymbol{X}(s) = B\boldsymbol{U}(s)$$

$$\therefore \quad \boldsymbol{X}(s) = (sI - A)^{-1}B\boldsymbol{U}(s) \tag{7.16}$$

式 (7.15) に代入して，

$$\begin{aligned} \boldsymbol{Y}(s) &= C(sI - A)^{-1}B\boldsymbol{U}(s) + D\boldsymbol{U}(s) \\ &= \{C(sI - A)^{-1}B + D\}\boldsymbol{U}(s) \end{aligned} \tag{7.17}$$

となるから，伝達関数は，

$$G(s) = C(sI - A)^{-1}B + D \tag{7.18}$$

という行列になる．

例題 7.1

$$\begin{aligned} \begin{bmatrix} \dot{x}_1 \\ \dot{x}_2 \end{bmatrix} &= \begin{bmatrix} 2 & 3 \\ 4 & 5 \end{bmatrix} \begin{bmatrix} x_1 \\ x_2 \end{bmatrix} + \begin{bmatrix} 1 \\ 0 \end{bmatrix} u \\ y &= \begin{bmatrix} 6 & 7 \end{bmatrix} \begin{bmatrix} x_1 \\ x_2 \end{bmatrix} \end{aligned} \tag{7.19}$$

のとき，伝達関数行列 $G(s) = Y(s)/U(s)$（この場合はスカラ）を求めよ．

【解答】

$$\begin{aligned} G(s) &= \begin{bmatrix} 6 & 7 \end{bmatrix} \left\{ \begin{bmatrix} s & 0 \\ 0 & s \end{bmatrix} - \begin{bmatrix} 2 & 3 \\ 4 & 5 \end{bmatrix} \right\}^{-1} \begin{bmatrix} 1 \\ 0 \end{bmatrix} \\ &= \frac{6s - 2}{s^2 - 7s - 2} \end{aligned} \tag{7.20}$$

となる．■

以上駆け足で，ラプラス変換が制御工学において，どのようにかかわってくるかという点を念頭におきながら説明を試みた．ここで述べたことはほんの入り口であって，肝腎の制御系設計法についてはほとんど何も述べていない．また，離散時間制御システムにおいて，おそらく 9.4 節などで述べるディジタルフィルタ以上に重要な役割を果たす z 変換の応用についても紙面をさくことができなかった．しかし，ラプラス変換や z 変換が制御工学の一番基礎的な道具として，なくてはならない役割を果たしていることは感じてもらえたのではないだろうか．さらに学びたい読者は，制御工学の専門書をお読みいただきたい．

7章の問題

□ **1**　酒を飲んで気持ちよく酔っているという状態は，ひとつのフィードバック制御系を構成していると考えられる．このシステムの信号線図を描き，目標値，制御量，外乱，制御器，制御対象など，制御工学の言葉を用いて説明せよ．

□ **2**　図7.12の直流サーボモータにおいて，状態変数を $\boldsymbol{x} = [i \quad \omega]^T$，入力変数を $\boldsymbol{u} = [e \quad T_L]^T$，出力変数を，$\boldsymbol{y} = \boldsymbol{x} = [i \quad \omega]^T$ として，状態方程式を導き，各入力変数から各出力変数への伝達関数を計算せよ．

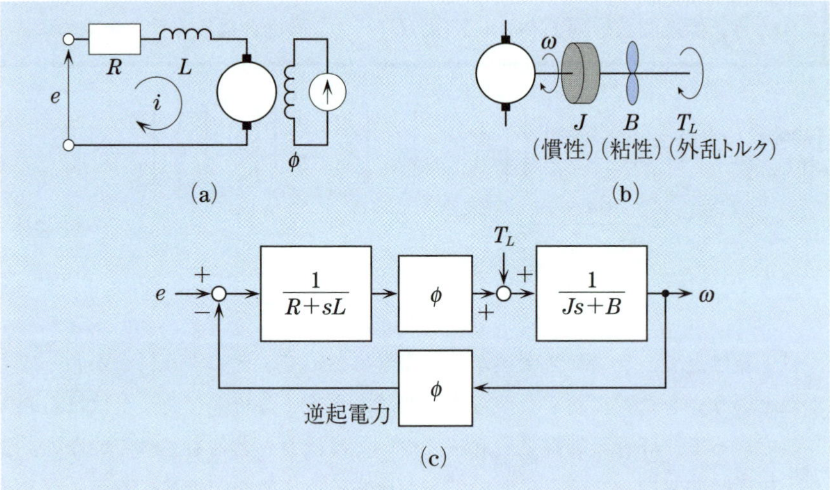

図7.12　直流サーボモータ(a),(b)と，その伝達関数ブロック図(c)
(i：電流，ω：回転速度，e：入力電圧，T_L：外乱トルク，
ϕ：トルク定数または電圧定数)

第4部
z 変換と離散時間システム

8 z 変換の基礎

この章では，ラプラス変換のいわば親類筋にあたる z 変換について学ぶ．

もともとラプラス変換は微分方程式の解法として考案されたものであったが，現在では連続的な信号やシステムを扱う工学分野の基本手法となっている．これに対して，本章で扱う z 変換は，数学的には差分方程式の解法として位置づけられているが，工学的には真骨頂はそこにはない．むしろ近年進展が著しいディジタル的なシステム制御や信号処理などの分野において，技術者が身につけておくべき必須の道具となっている．

ここでは，まず時間的にサンプリングされた信号（離散時間信号）にラプラス変換を適用することによって z 変換が導かれることを示し，z 変換の例と基礎的な性質を説明する．あわせて，差分方程式の解法への適用，さらには z 変換の収束性や逆変換などの数学的な話題についても簡単に触れておく．

8 章で学ぶ概念・キーワード

- ラプラス変換と z 変換の関係
- z 変換の定義
- 線形性，時間移動定理，離散たたみこみ定理
- 差分方程式の解法
- 両側 z 変換，収束性，逆 z 変換

8.1 ラプラス変換から z 変換へ

$x(t)$ を T 秒間隔でサンプリングして得られた系列 $x(nT)$ を考えよう．ここでもラプラス変換と同じく，系列は n が正または 0 の部分でのみ与えられているものとする．

この $x(nT)$ と z^{-n} の積をつくり，n に関して $n=0$ から ∞ までの和をとると

$$X(z) = \sum_{n=0}^{\infty} x(nT)z^{-n} \tag{8.1}$$

なる z の関数が得られる．これを，サンプリングされた系列の **z 変換**（z-transform）という．ここに z は複素数であり，$X(z)$ もまた一般には複素数値をとる．

この z 変換は，サンプリングする前の信号 $x(t)$ のラプラス変換 $X(s)$ と，次のような関係がある．

信号をサンプリングする操作は，図 8.1 (a) に示すように，連続的な信号 $x(t)$ と幅が狭い方形波列の積をとる操作であるとみなすことができる．このそれぞれの方形波の幅は狭いほうがよいから，幅を 0 とした極限をとってみよう．すると方形波列は図 8.1 (b) インパルス列となって，サンプリングされた信号 $x^*(t)$ は，インパルス関数 $\delta(t)$ を用いて次のように表現することができる．

$$x^*(t) = \sum_{n=0}^{\infty} x(nT)\delta(t-nT) \tag{8.2}$$

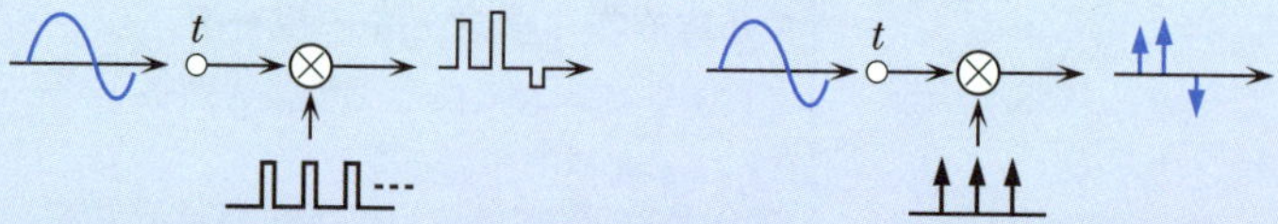

(a) 方形波列によるサンプリング　(b) インパルス列によるサンプリング

図 8.1　サンプリング

次に，この $x^*(t)$ をラプラス変換したものを $X^*(s)$ と記すと

$$
\begin{aligned}
X^*(s) &= \mathcal{L}[x^*(t)] \\
&= \mathcal{L}\left[\sum_{n=0}^{\infty} x(nT)\delta(t-nT)\right] \\
&= \sum_{n=0}^{\infty} x(nT)\mathcal{L}[\delta(t-nT)] \qquad (8.3)
\end{aligned}
$$

ここに，1.5 節の定理 1.6 あるいは式 (1.44) より，

$$\mathcal{L}[\delta(t-nT)] = e^{-snT} \qquad (8.4)$$

であるから，

$$X^*(s) = \sum_{n=0}^{\infty} x(nT)e^{-snT} \qquad (8.5)$$

これは，$z = e^{sT}$ とおいて，変数 s を z におきかえれば

$$X(z) = \sum_{n=0}^{\infty} x(nT)z^{-n} \qquad (8.6)$$

となり，式 (8.1) の z 変換の定義と一致する．

上で述べた説明からも明らかなように，z 変換における変数 z は

$$z^{-1} = e^{-sT} \qquad (8.7)$$

であり，これは図 8.2 に示す T 秒の遅延素子，すなわち**サンプル値系における 1 タイムスロットの遅延素子の伝達関数**に対応している．サンプル値を扱うシステムでは，このような意味をもつ z^{-1}（あるいはその逆数である z）を s の代わりに変数とすると，いろいろと便利なことが多い．

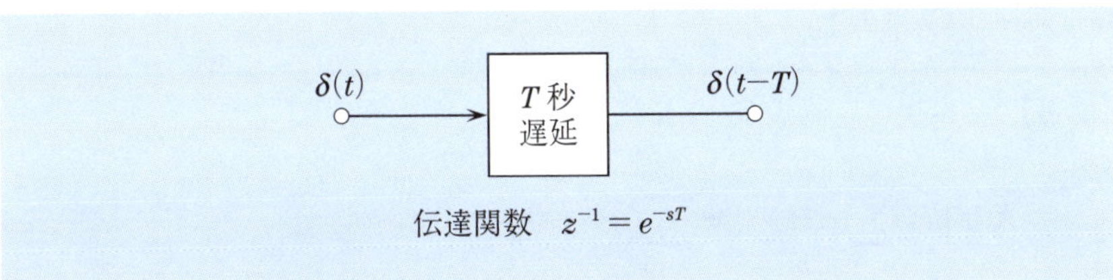

図 8.2　1 タイムスロット（T 秒）の遅延素子

8.2 離散時間信号の z 変換

コンピュータ等でデータを処理するときは，サンプル値系列 $x(nT)$ におけるサンプル間隔 T は特に意識しないで，単に n を添数とする配列 $x(n)$ としてデータを扱うことが多い．このようなデータ系列を**離散時間信号** (discrete-time signal) と呼ぶ．本書では離散時間信号を，図 8.3 のように表すものとする．

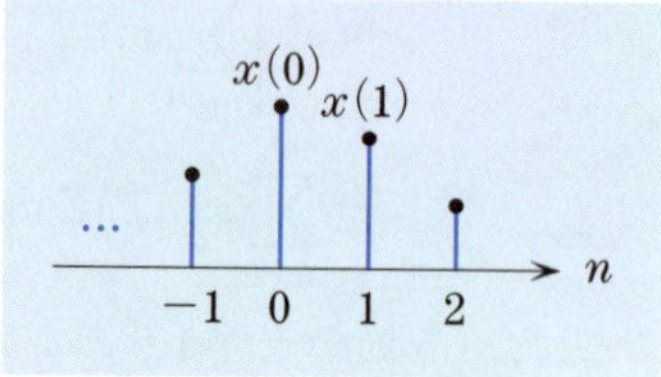

図 8.3 離散時間信号

(1) z 変換の定義と例

z 変換は，このような離散時間信号が関係するシステムを解析するときの有力な武器となる．ここで，あらためて，離散時間信号 $x(n)$ に対して，次のように z 変換を定義しよう．

定義（z 変換）

$n \geq 0$ で定義された離散時間信号 $x(n)$ の z 変換を

$$X(z) = \sum_{n=0}^{\infty} x(n) z^{-n} \tag{8.8}$$

で定義する．

例を示そう．

例題 8.1

$$x(n) = a^n \quad (n \geq 0) \tag{8.9}$$

の z 変換を求めよ．

【解答】 z 変換の定義式 (8.8) に代入すると，

$$X(z) = \sum_{n=0}^{\infty} a^n z^{-n} = \sum_{n=0}^{\infty} (az^{-1})^n$$

これは無限等比級数であるから

$$X(z) = \frac{1}{1 - az^{-1}} = \frac{z}{z - a} \tag{8.10}$$

となる．ここに無限等比級数が収束するためには，

$$|az^{-1}| < 1$$

すなわち

$$|z| > |a| \tag{8.11}$$

であることが必要である．

式 (8.9) の特別な場合として $a = 1$ とおくと，$x(n)$ は

$$u_1(n) = \begin{cases} 1 & (n \geq 0) \\ 0 & (n < 0) \end{cases} \tag{8.12}$$

なる**段関数** (step function) となり，その z 変換は

$$\mathcal{L}[u_1(n)] = \frac{1}{1 - z^{-1}} = \frac{z}{z - 1} \tag{8.13}$$

となる．

また，最も単純な信号として，$n = 0$ のときのみ値が 1 となる

$$\delta(n) = \begin{cases} 1 & (n = 0) \\ 0 & (n \neq 0) \end{cases} \tag{8.14}$$

を，**単位パルス信号** (unit-pulse signal) あるいは**インパルス信号** (impulse signal) と呼ぶことにしよう．この z 変換は

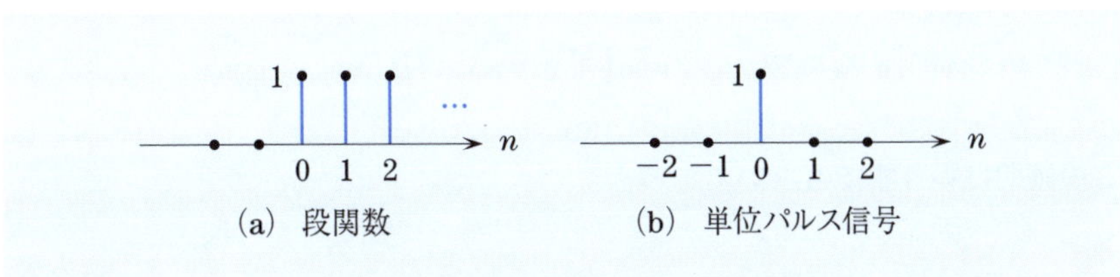

図 8.4 段関数と単位パルス信号

表 8.1　基本的な関数の z 変換

	$x(n)\quad(n \geq 0)$	$X(z)$
(1) 単位パルス	$\delta(n)$	1
(2) 単位段関数	$u_1(n)$	$\dfrac{z}{z-1}$
(3) 直線増加	n	$\dfrac{z}{(z-1)^2}$
(4) 指数関数	a^n	$\dfrac{z}{z-a}$
	e^{bn}	$\dfrac{z}{z-e^b}$
(5) 三角関数	$\sin bn$	$\dfrac{z\sin b}{z^2-2z\cos b+1}$
	$\cos bn$	$\dfrac{z(z-\cos b)}{z^2-2z\cos b+1}$

$$\mathcal{L}[\delta(n)] = \sum_{n=0}^{\infty} \delta(n) z^{-n} = 1 \tag{8.15}$$

となる．単位パルス信号は，連続時間システムにおけるインパルス関数 $\delta(t)$ とよく似ているが，$\delta(n)$ は $n = 0$ のときに値が ∞ でなく，1 になっていることに注意してほしい．

他の離散時間信号に対しても z 変換は求められる．その基本的なものを，表 8.1 にまとめておく．

(2)　z 変換の基本定理

z 変換においては，次の 3 つの定理が重要である．

定理 8.1（線形性）

$x_1(n)$ と $x_2(n)$ の z 変換が，それぞれ $X_1(z)$，$X_2(z)$ であるとき

$$a_1 x_1(n) + a_2 x_2(n) \to a_1 X_1(z) + a_2 X_2(z) \tag{8.16}$$

この証明はいうまでもないであろう．

定理 8.2（時間移動定理）

$x(n)$ の z 変換が $X(z)$ であるとき，$k \geq 0$ として

$$x(n-k) \to z^{-k}X(z) \tag{8.17}$$

$$x(n+k) \to z^{k}\left\{X(z) - \sum_{n=0}^{k-1} x(n)z^{-n}\right\} \tag{8.18}$$

この証明も読者にまかせよう（本章の章末問題 4 参照）．

式 (8.17) において $k=1$ の場合は，

$$x(n-1) \to z^{-1}X(z) \tag{8.19}$$

すなわち，もとの離散時間信号を 1 タイムスロット遅らせることは，z 変換では z^{-1} をかけることに相当している．その意味で，z^{-1} を**単位遅延演算子**と呼ぶこともある．

一方，式 (8.18) に $k=1$ を代入すると，

$$x(n+1) \to z[X(z) - x(0)] \tag{8.20}$$

となる．ここに右辺の $x(0)$ は，いわば $x(n)$ の初期値であり，この関係は z 変換を用いて差分方程式を解くときによく用いられる．

定理 8.3（離散たたみこみ定理）

$x(n)$ と $h(n)$ の z 変換を，それぞれ $X(z)$，$H(z)$ とする．このとき，

$$y(n) = \sum_{k=0}^{\infty} h(k)x(n-k) \tag{8.21}$$

の z 変換 $Y(z)$ は，$H(z)$ と $X(z)$ の積になる．すなわち

$$Y(z) = H(z)X(z) \tag{8.22}$$

［証明］
$$Y(z) = \sum_{n=0}^{\infty} y(n) z^{-n}$$
$$= \sum_{n=0}^{\infty} \left\{ \sum_{k=0}^{\infty} h(k) x(n-k) \right\} z^{-k}$$

において，無限級数の収束を仮定して，級数の順序を交換して，さらに $n-k=l$ とおくと

$$Y(z) = \sum_{k=0}^{\infty} h(k) \left\{ \sum_{l=-k}^{\infty} x(l) z^{-(k+l)} \right\}$$

ここで，$x(l)=0,\ l<0$ であるから，{ } 内の総和は $l=0$ から考えればよく，

$$Y(z) = \sum_{k=0}^{\infty} h(k) z^{-k} \cdot \sum_{l=0}^{\infty} x(l) z^{-l} \tag{8.23}$$

となる．この右辺は $H(z)X(z)$ にほかならない． ■

このたたみこみ定理は，ラプラス変換における定理 1.9（p.19 参照）に対応するものであり，次章で述べるように線形的な離散時間システムを扱うときに基本的な役割を果たしている．

8.3 z 変換を用いた差分方程式の解法

ラプラス変換は（定係数線形）微分方程式の解法として重要であった．これに対して z 変換は，（線形）差分方程式を解くときの有力な道具となる．ここでは例題によってそれを説明しておこう．

例題 8.2

次の差分方程式を z 変換を用いて解け．

$$x(n+1) - x(n) = 3^n \quad (n \geq 0)$$

ただし，$x(n)$ の初期値を $x(0) = 1$ とする．

【解答】 式 (8.20) と式 (8.10) を用いて与式を z 変換すると，

$$z[X(z) - x(0)] - X(z) = \frac{z}{z-3}$$

これを整理すると

$$\begin{aligned} X(z) &= \frac{z(z-2)}{(z-1)(z-3)} \\ &= \frac{1}{2}\left(\frac{z}{z-1} + \frac{z}{z-3}\right) \end{aligned}$$

ゆえに，

$$\begin{aligned} x(n) &= \frac{1}{2}(1^n + 3^n) \\ &= \frac{1}{2}(1 + 3^n) \end{aligned}$$

■

例題 8.3

次の差分方程式を z 変換を用いて解け．

$$x(n) - 2x(n-1) = n \quad (n \geq 0)$$

ただし，$x(n) = 0, n < 0$ とする．

【解答】 右辺の n の z 変換が $z/(z-1)^2$（表 8.1 参照）であることを使って，与式を z 変換すると

$$X(z) - 2z^{-1}X(z) = \frac{z}{(z-1)^2}$$

これを整理すると

$$X(z) = \frac{z^2}{(z-2)(z-1)^2}$$

これは次のように部分分数分解される．

$$X(z) = 2\frac{z}{z-2} - \left\{2\frac{z}{z-1} + \frac{z}{(z-1)^2}\right\}$$

ゆえに，それぞれの項を逆 z 変換すると

$$\begin{aligned} x(n) &= 2 \cdot 2^n - (2 \cdot 1^n + n) \\ &= 2^{n+1} - (2+n) \end{aligned}$$

■

8.4 z 変換の数学的な補足

z 変換は次章で説明するように，ディジタルフィルタなどの基礎となる離散時間システムの解析に応用されている．そこに進む前に，本章で導入した z 変換に関連する数学的な話題を簡単に（結果だけを）補足しておこう．

(1) 両側 z 変換

式 (8.8) で定義された z 変換は，$n \geq 0$ のみで値をもつ $x(n)$ を対象としたものであった．その意味で**片側 z 変換**と呼ぶこともある．これに対して，n に関して正負の両側で値をもつ $x(n)$ $(-\infty < n < \infty)$ を対象とした**両側 z 変換**を次のように定義する．

$$X(z) = \sum_{n=-\infty}^{\infty} x(n) z^{-n} \tag{8.24}$$

片側 z 変換と両側 z 変換の違いは，形式的には総和の範囲が異なっているだけであるが，片側だけの無限級数と正負の両側にわたる無限級数は，次項で述べるように収束の条件が異なっている．

(2) z 変換の収束

片側 z 変換も両側 z 変換も（データが有限長でない限り）無限級数であるから，その収束には条件がある．その詳しい議論は数学的な専門書に譲ることにして，ここでは結果だけを簡単に説明しておこう．

先に述べた例題 8.1 の，$x(n) = a^n$ $(n \geq 0)$ の（片側）z 変換

$$\begin{aligned} X(z) &= \sum_{n=0}^{\infty} a^n z^{-n} \\ &= \sum_{n=0}^{\infty} (az^{-1})^n \\ &= \frac{1}{1 - az^{-1}} \end{aligned} \tag{8.25}$$

では，z 変換の無限等比級数が収束するためには，

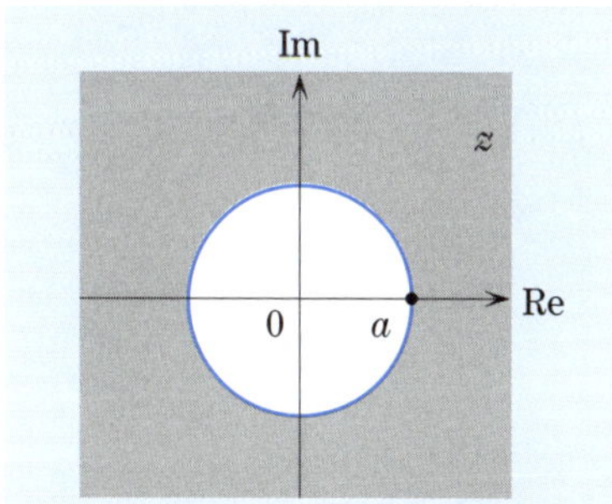

図 8.5 片側 z 変換の収束域

$$|z| > |a| \tag{8.26}$$

であることが必要であった．これは複素数 z の平面（z 平面）では半径が a の円の外側になる（図 8.5）．

このように片側 z 変換の収束する範囲，すなわち**収束域**は，一般に原点を中心とする円の外側になる．その境界となる円は**収束円**と呼ばれる．

なお，片側 z 変換そのものの定義域は収束円の外側であるが，収束しない領域であっても，特異点（上の例では $z = a$）を除いて，解析接続なる数学的操作によって複素関数 $X(z)$ の定義域を拡張できる．

一方，両側 z 変換の場合は，正負どちらも無限級数であるから，これを

$$X(z) = \sum_{n=0}^{\infty} x(n)z^{-n} + \sum_{n=-\infty}^{-1} x(n)z^{-n} \tag{8.27}$$

と2つに分けていずれもが収束する領域を探すことが必要になる．

結果的には，第1項の収束域は（片側 z 変換と同じく）その収束円の外側であり（図 8.6 (a)），一方第2項の収束域は逆にその収束円の内側になる（図 8.6 (b)）．したがって，もし前者の収束円が後者より内側にあれば，図 8.6 (c) に示すようにドーナツ状の領域が両者とも収束する領域になる．これが両側 z 変換の収束域である．

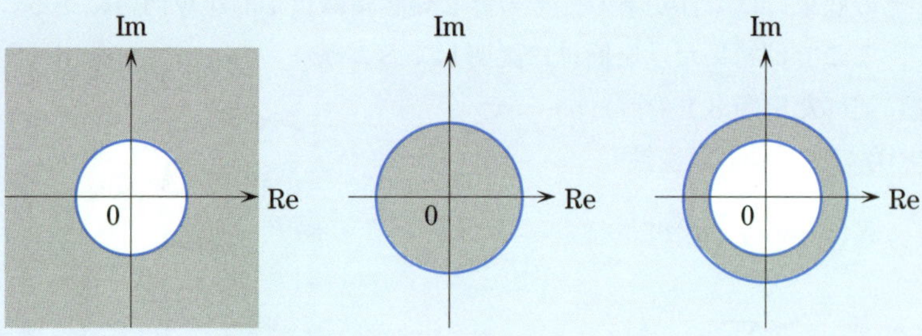

(a)　第1項の収束域　(b)　第2項の収束域　(c)　両側 z 変換の収束域

図 8.6　両側 z 変換の収束域

(3)　逆 z 変換

ラプラス変換と同じく z 変換の場合も，逆変換を直接計算する必要はあまり

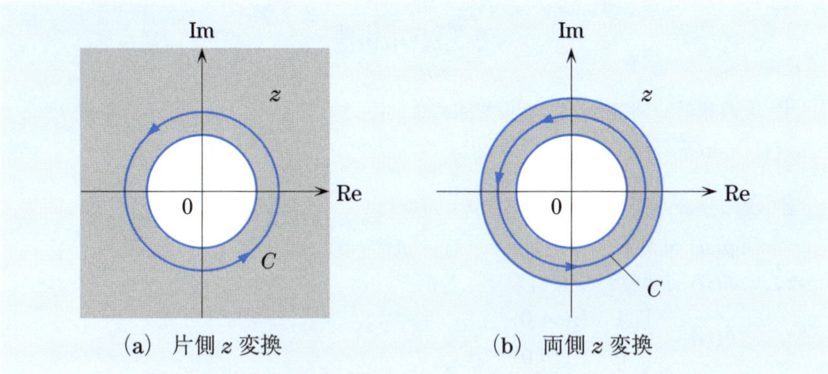

図 8.7　逆 z 変換の積分路

ない．ここでは，逆 z 変換の計算式だけをあげておこう．すなわち

$$x(n) = \frac{1}{2\pi j} \oint_C X(z) z^{n-1} dz \tag{8.28}$$

これは z に関する複素積分（周回積分）であり，その積分路 C は，図 8.7 に示すようにそれぞれの収束域にとるものとする．

8 章の問題

□ **1** 次の離散時間信号の z 変換を求めよ．

(1)　$\sin bn$　　(2)　$\cos bn$

□ **2** 次の差分方程式を z 変換を用いて解け．

$$y(n) = \delta(n-1) + 2y(n-1) - y(n-2)$$

ここに $\delta(n)$ は単位パルス信号

$$\delta(n) = \begin{cases} 1 & (n = 0) \\ 0 & (n \neq 0) \end{cases}$$

である．

□ **3** 次式で生成される数列 a_n $(n \geq 0)$ について，次の問に答えよ．

$$a_n = \alpha a_{n-1} + \beta a_{n-2} + (1 - \alpha - \beta) a_{n-3}$$

ただし，a_0, a_1, a_2 はあらかじめ与えられているものとする．

(1)　a_n の z 変換 $A(z)$ を a_0, a_1, a_2 の関数として求めよ．

(2)　$A(z)$ が安定であるための α, β の範囲を図示せよ．

ヒント：$A(z)$ は $z = 1$ に極をもつので，他の 2 つの極が安定になる条件を求めればよい．

(3)　$A(z)$ が安定なとき，$\displaystyle\lim_{n\to\infty} a_n$ を求めよ．

□ **4** 定理 8.2 を証明せよ．

9 離散時間線形システム

z 変換は，離散時間で定義された信号やシステムの解析や設計に際して，有力な手段を提供する．そのひとつとしてディジタルフィルタに代表されるディジタル信号処理の分野がある．アナログ的なフィルタの特性解析や設計にはラプラス変換やフーリエ変換が重要な役割を果たしていた．ディジタルフィルタにおいて，ちょうどそれと同じ役割を担っているのが z 変換である．

この章の目的は，このような離散時間システムの入出力応答の解析に z 変換がいかに有効であるかを示すことである．また，ディジタルフィルタなどのディジタル信号処理を学ぶときの基礎を習得することである．

9 章で学ぶ概念・キーワード

- 離散時間信号とシステムの表現
- システムの線形性と時不変性
- システムの特性のたたみこみ表現
- z 領域伝達関数，周波数特性，安定性
- FIR システムと IIR システム
- ディジタルフィルタの基礎
  - トランスバーサル型構成
  - リカーシブ構成，ノンリカーシブ構成
  - 双 1 次 z 変換

9.1　離散時間信号とシステムの表現

ここでは，$n=-\infty \sim \infty$ で定義された図 9.1 (a) のような離散時間信号を考えよう．

この最も単純な信号は，$n=0$ のときのみ値が 1 となる図 9.1 (b) に示す**単位パルス信号**

$$\delta(n)=\begin{cases} 1 & (n=0) \\ 0 & (n \neq 0) \end{cases} \tag{9.1}$$

である．

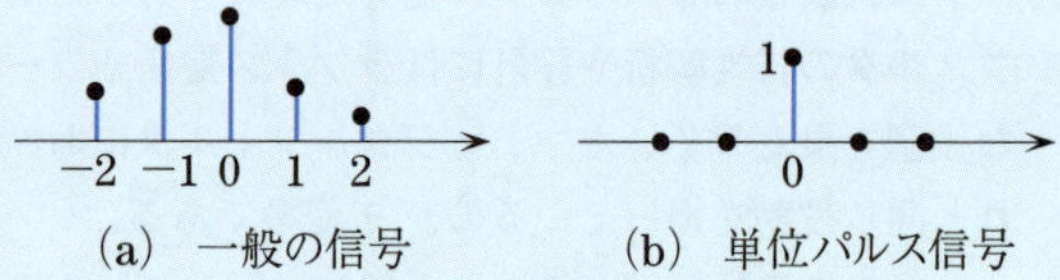

図 9.1　離散時間信号

一般の離散時間信号は，この単位時間信号を時間シフトした信号 $\delta(n-k)$ の組合せで表現することができる（図 9.2 参照）．すなわち

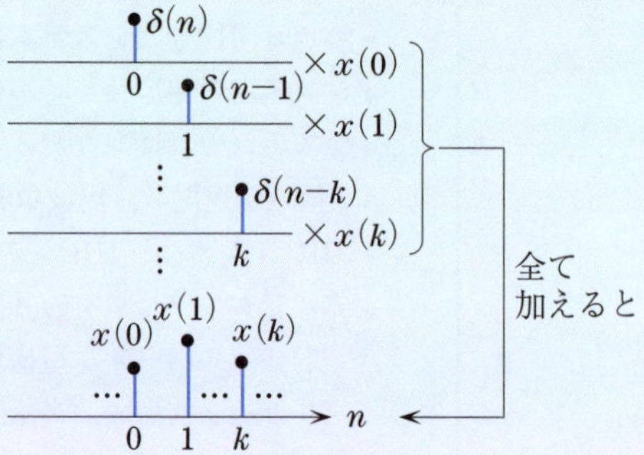

図 9.2　単位パルス信号組合せによる表現

$$x(n) = \sum_{k=-\infty}^{\infty} x(k)\delta(n-k) \tag{9.2}$$

次に，このような時間時間信号 $x(n)$ を入力として，別の離散時間信号 $y(n)$ を出力とする図 9.3 のようなシステムを考えよう．このようなシステムは，**離散時間システム** (discrete-time system) と呼ばれる．ここでは，このシステムの入出力関係を，次のように記すことにする．

$$y(n) = \phi[x(n)] \tag{9.3}$$

あるいはより単純に，次のように記すこともある．

$$x(n) \to y(n) \tag{9.4}$$

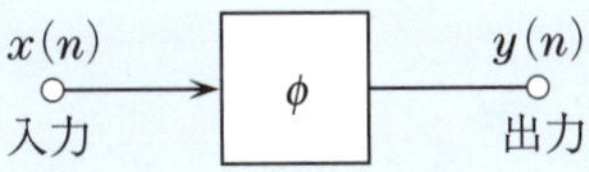

図 9.3 離散時間システム

離散時間システムにおいては，線形時不変システムが基本的であり，かつ実用上も重要である．ここで簡単にシステムの線形性と時不変性を定義しておこう．

定義（線形性）

基本となる複数通りの系列 $x_k(n)$ があって，その線形的な組合せで表される合成信号

$$x(n) = \sum_k a_k x_k(n) \tag{9.5}$$

をシステムに入力したときに，その応答 $y(n)$ がそれぞれの基本信号の応答を同じように組合せた形になっているとき，すなわち

$$y(n) = \phi[x(n)] = \sum_k a_k \phi[x_k(n)] \tag{9.6}$$

なる形になっているとき，その離散時間システムは**線形**であるという．

定義（時不変性）

ある時点での入力 $x(n)$ に対する出力が $y(n)$ であったときに，入力を k 時点ずらして $x(n-k)$ としたときの出力が，$y(n)$ をそのまま k 時点ずらした $y(n-k)$ になっているとき，すなわち

$$y(n-k) = \phi[x(n-k)] \tag{9.7}$$

が成立するとき，そのシステムは**時不変**であるという．ここに時不変とはシステムの入出力特性が時間的に変化しないことを意味する．

以下では，この2つの条件を満たす**線形的で時不変な離散時間システム**のみを対象とする．

9.2　線形時不変システムの入出力応答

(1)　離散たたみこみ表現

線形時不変離散時間システムでは，前節で述べた単位パルス信号 $\delta(n)$ を入力としたときの応答が重要な役割を果たしている．これを**単位パルス応答**あるいは**インパルス応答**と呼び，$h(n)$ と記すことにする（図 9.4）．すなわち

$$h(n) = \phi[\delta(n)] \tag{9.8}$$

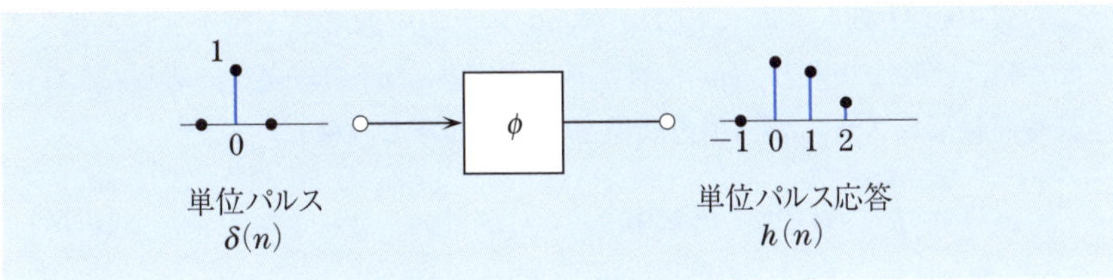

図 9.4　単位パルス応答

この単位パルス応答を用いて，一般的な入力 $x(n)$ に対する出力応答

$$y(n) = \phi[x(n)] \tag{9.9}$$

がどのように表現されるか考えてみよう．

まず，一般の入力信号 $x(n)$ が，式 (9.2) のように単位パルス信号の組合せで表現できることを思い出して，これを式 (9.9) に代入すると

$$y(n) = \phi[x(n)] = \phi\left[\sum_{k=-\infty}^{\infty} x(k)\delta(n-k)\right] \tag{9.10}$$

ここで，システムの線形性を仮定すると，$\delta(n-k)$ を基本系列とみなして式 (9.6) を適用して，

$$y(n) = \sum_{k=-\infty}^{\infty} x(k)\phi[\delta(n-k)] \tag{9.11}$$

となる．さらにシステムの時不変性を仮定しよう．このとき，時間をずらした

単位パルス信号 $\delta(n-k)$ に対する応答は $h(n-k)$ となるから

$$y(n) = \sum_{k=-\infty}^{\infty} x(k)h(n-k) \tag{9.12}$$

さらに変数変換 $(n-k \to k)$ を行うと

$$y(n) = \sum_{k=-\infty}^{\infty} h(k)x(n-k) \tag{9.13}$$

と表される．

この式 (9.12) あるいは式 (9.13) が，システムの線形性と時不変性を仮定したときの，一般的な入力 $x(n)$ に対する出力応答 $y(n)$ の表現式である．これは，連続時間線形システムの入出力関係を表すたたみこみ積分

$$y(t) = \int_{-\infty}^{\infty} h(\tau)x(t-\tau)d\tau \tag{9.14}$$

に対応した表現で，**離散たたみこみ** (discrete convolution) と呼ばれている．

なお，線形時不変システムにおいて，さらに

$$h(n) = 0 \quad (n < 0) \tag{9.15}$$

なる条件をつけることもある．これは，単位パルス信号 $\delta(n)$ を入力する前，すなわち $n < 0$ に出力がでることはないことを意味しており，このようなシステムは**因果的** (causal) であると呼ばれる．システムが因果的であるときは，式 (9.13) は

$$y(n) = \sum_{k=0}^{\infty} h(k)x(n-k) \tag{9.16}$$

と記すことができる．

(2) z 領域伝達関数

式 (9.16) の線形時不変システムの入出力特性は，本章のテーマである z 変換を用いると，より簡潔に表現することができる．

その基本となるのは，前章の 8.2 節で述べた定理 8.3 である．すなわちそれを再掲すると，

定理（離散たたみこみ定理）

$x(n)$ と $h(n)$ の z 変換を，それぞれ $X(z)$，$H(z)$ とする．このとき，

$$y(n) = \sum_{k=0}^{\infty} h(k)x(n-k) \tag{8.21}$$

の z 変換 $Y(z)$ は，$H(z)$ と $X(z)$ の積になる．すなわち

$$Y(z) = H(z)X(z) \tag{8.22}$$

この定理における式 (8.21) は，前節で述べた線形時不変システムの入出力応答にほかならない．このことは，図 9.5 に示すように，**線形時不変システムの入力 $\boldsymbol{x(n)}$ と出力 $\boldsymbol{y(n)}$ の $\boldsymbol{z}$ 変換を，それぞれ $\boldsymbol{X(z)}$，$\boldsymbol{Y(z)}$ とおけば，両者の間には**

$$Y(z) = H(z)X(z) \tag{9.17}$$

なる関係があることを意味している．

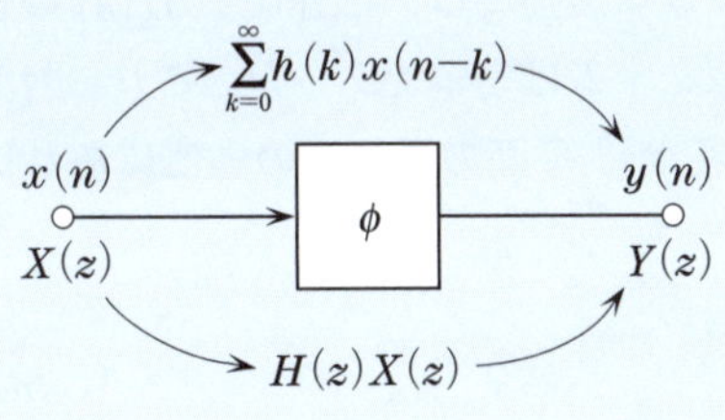

図 9.5　線形時不変システムの入出力特性

すなわち，入力の z 変換 $X(z)$ に $H(z)$ をかけるだけで出力の z 変換 $Y(z)$ が求められる．ここに $H(z)$ は，システムの**伝達関数** (transfer function) としての意味をもつ．またそれは単位パルス応答 $h(n)$ との間に z 変換の関係がある．すなわち

$$H(z) = \sum_{n=0}^{\infty} h(n)z^{-n} \tag{9.18}$$

この伝達関数は，離散時間システムの応答を調べるときに重要な役割果たしており,（周波数伝達関数などと区別するために）$\boldsymbol{z}$ **領域伝達関数**あるいはパルス

伝達関数と呼ばれることもある．

(3)　周波数特性

この z 領域伝達関数 $H(z)$ から，その周波数特性を導くことは比較的容易である．すなわち，z 変換とラプラス変換の間には

$$z = e^{sT} \quad (T \text{ はサンプリング間隔}) \tag{9.19}$$

の関係があり，さらにラプラス変換において $s = j\omega$ とおけば，伝達関数は周波数特性になる．したがって，**z 領域伝達関数 $H(z)$ において，**

$$z = e^{j\omega T} \tag{9.20}$$

を代入すれば，システムの周波数特性が計算できる．

(4)　s 平面との関係と安定性

ラプラス変換と z 変換は $z = e^{sT}$ なる関係で結ばれているから，それによって s 平面と z 平面の関係を調べることができる．例えば，s 平面の虚軸は z 平面では半径が1の単位円に対応しており，s 平面の左半面は z 平面では単位円の内側に写像される．

この関係を知ることにより，離散時間システムの安定性を判別することができる．すなわち，ラプラス変換では，伝達関数 $H(s)$ の極が全て s 平面の左半面内にあれば，そのシステムは安定であった．これに対して z 変換では，**伝達関数 $H(z)$ の全ての極が z 平面の単位円の内側にあれば，システムは安定である．**

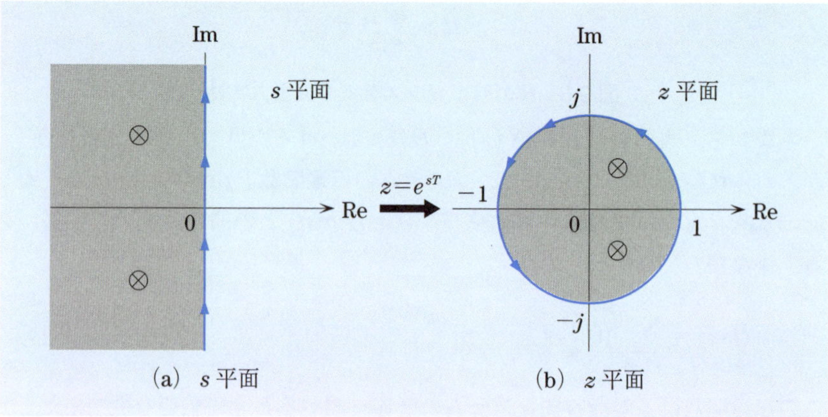

図 9.6　s 平面と z 平面

9.3 FIR システムと IIR システム

線形時不変な離散時間システムの具体的な例として，次の 2 通りのシステムを考えてみよう．

例 1 図 9.7 (a) の回路構成の離散時間システムは，単位パルス応答が同図 (b) のようになり，その時間長は有限である．この回路の入出力特性は次式で与えられる．

$$y(n) = a_0 x(n) + a_1 x(n-1) \tag{9.21}$$ □

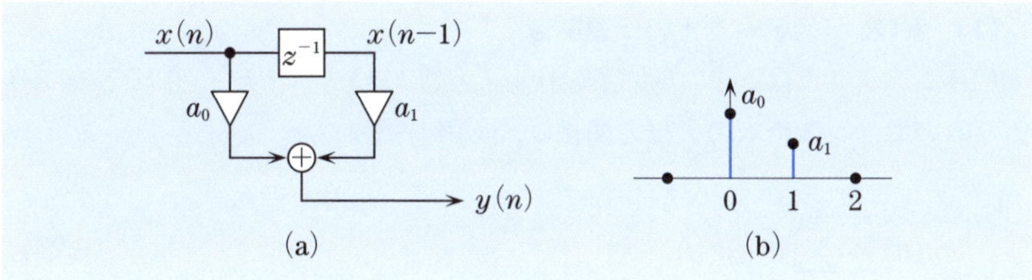

図 9.7

例 2 図 9.8 (a) の回路構成の離散時間システムは，単位パルス応答が同図 (b) のようになり，指数的に減衰はするが，応答は無限に継続する．この回路の入出力特性は

$$y(n) = a_0 x(n) + b_1 y(n-1) \quad （ただし，0 < b_1 < 1） \tag{9.22}$$

で与えられる． □

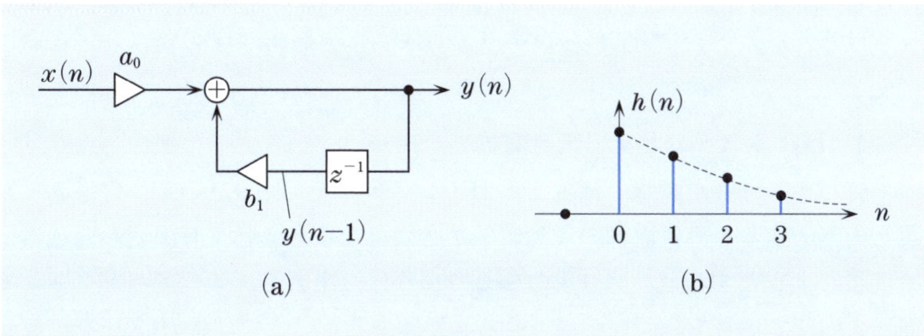

図 9.8

この例にあるように，一般に離散時間システムは，その単位パルス応答（インパルス応答）の時間長が有限であるか，無限であるかによって，次の 2 通りに分類される．

- **FIR (Finite Impulse Response) システム**
  単位パルス応答が有限の時間長 $h(0), h(1), \cdots, h(K)$ に限られているシステム
- **IIR (Infinite Impulse Response) システム**
  単位パルス応答が無限の時間長 $h(0), h(1), \cdots$ に継続するシステム

このそれぞれのシステムにおいて z 領域の伝達関数 $H(z)$ がどのように記述されるか調べてみよう．

(1)　FIR システムとその伝達関数

FIR システムでは，その単位インパルス応答 $h(k)$ が，$h(k) = 0$ $(k > K+1)$ となるので，システムの入出力関係は，有限の総和

$$y(n) = \sum_{k=0}^{K} h(k)x(n-k) \tag{9.23}$$

で与えられる．いま，有限長の $h(k)$ の値をそのままシステムのパラメータとして $a_k = h(k)$ とおけば，このシステムは，図 9.9 のような回路構成で実現され，伝達関数は

$$H(z) = \sum_{k=0}^{K} a_k z^{-k} \tag{9.24}$$

となる．図 9.9 におけるそれぞれの回路構成要素は図 9.10 の意味をもっている．ここに，1 タイムスロットの遅延素子を，その伝達関数 z^{-1} を用いて表現している．

(2)　IIR システムとその伝達関数

単位パルス応答が無限に継続する IIR システムを，図 9.9 のような構成で実現しようとすると，無限個の遅延素子が必要になる．これを有限個の遅延素子で実現しようとすると，図 9.8 の**例 2**のように，出力をフィードバックさせて回路の内部で信号を無限に循環させる必要がある．ここでは式 (9.22) を一般化

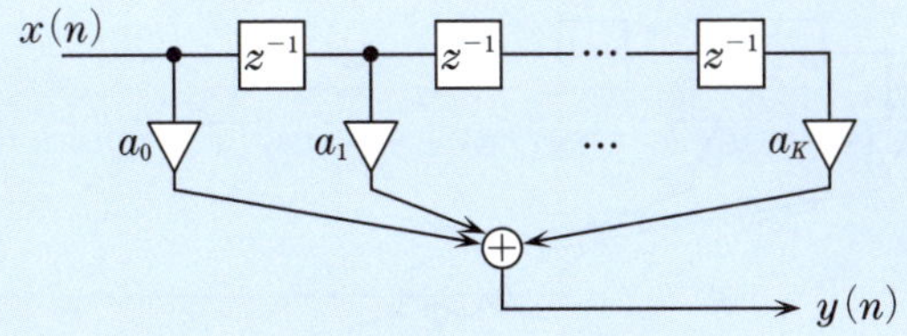

図 9.9　FIR システム

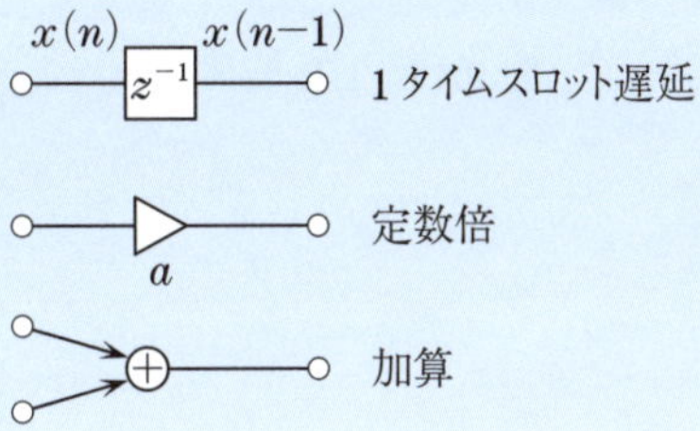

図 9.10　回路構成要素

して，入出力関係が次の式で与えられるシステムを考えてみよう．

$$y(n) = \sum_{k=0}^{K} a_k x(n-k) - \sum_{l=1}^{L} b_l y(n-l) \tag{9.25}$$

ここに，右辺第 1 項は現在および過去の入力に依存する項，第 2 項は過去の出力に依存する項である．右辺の第 2 項は符号が負になっているが，これは後の計算を便利にするためで，本質的な意味はない．

さて，このシステムを回路で構成すると，図 9.11 のようになる．また，伝達関数は次のようにして求められる．

すなわち，式 (9.25) の第 1 項と第 2 項がいずれもたたみこみ和の形をしていることに注意して z 変換すると，

$$Y(z) = A(z)X(z) - B(z)Y(z) \tag{9.26}$$

ただし

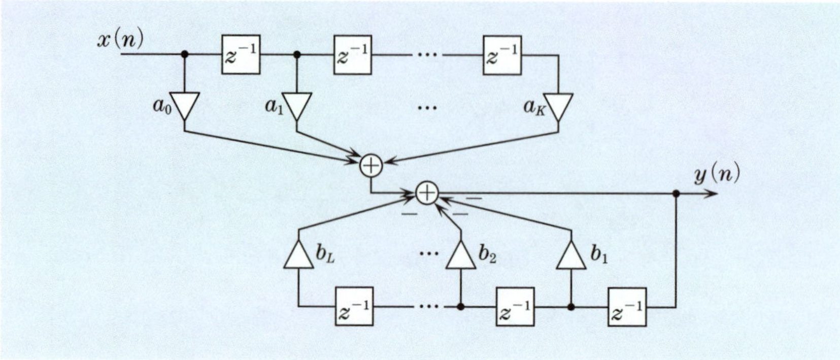

図 9.11 IIR システム

$$A(z) = \sum_{k=0}^{K} a_k z^{-k} \tag{9.27}$$

$$B(z) = \sum_{l=1}^{L} b_l z^{-l} \tag{9.28}$$

となる．したがって，これを整理すると

$$\{1 + B(z)\}Y(z) = A(z)X(z)$$

より

$$Y(z) = \frac{A(z)}{1 + B(z)} X(z) \tag{9.29}$$

すなわち

$$H(z) = \frac{A(z)}{1 + B(z)} \tag{9.30}$$

とおけば

$$Y(z) = H(z)X(z) \tag{9.31}$$

となり，式 (9.30) の $H(z)$ が IIR システムの伝達関数になっていることがわかる．

(3) 伝達関数と回路構成

IIR システムの伝達関数において，$B(z) = 0$ すなわち出力からのフィードバックをなくせば，FIR システムの伝達関数になる．その意味では，FIR システムの表現は IIR システムの表現の特別な場合であるとも考えられる．

このより一般的な表現である式 (9.30) について，$A(z)$ と $B(z)$ を，それぞれ z 変換の定義式にしたがって多項式で展開すると，伝達関数は

$$H(z) = \frac{A(z)}{1+B(z)} = \frac{a_0 + a_1 z^{-1} + \cdots + a_K z^{-K}}{1 + b_1 z^{-1} + b_2 z^{-2} + \cdots + b_L z^{-L}} \tag{9.32}$$

となる．これより**伝達関数 $\boldsymbol{H(z)}$ が $\boldsymbol{z^{-1}}$ の有理関数（多項式の比）になっている**ことがわかる．

ここで，重要なことは，このように表現したときの分母と分子の多項式の係数が，そのまま図 9.11 の回路の係数になっていることである．このように，離散時間システムでは，z 領域の伝達関数が与えられれば，直ちにそれを実現する回路構成が得られる．

9.4 ディジタルフィルタ入門

(1) ディジタルフィルタとは

信号処理においては**フィルタ** (filter) が重要な役割を果たしている．その目的は，信号系列が与えられたときに，そこから所望の成分のみを抽出すること（あるいは逆に不要な成分を除去すること）である．例えば，次のようなフィルタがある．

(a) 周波数選択型フィルタ

所望成分と不要成分の周波数分布が異なる場合は，低域通過型（LP），高域通過型（HP），帯域通過型（BP）などの周波数選択型フィルタで除去できる．通信の分野では周波数帯域を分割して信号伝送を行うことが多く，周波数選択型フィルタがよく用いられる．

(b) 雑音除去フィルタ

所望成分と不要成分（雑音成分）の周波数分布が重なっている場合は，それぞれの統計的性質を考慮した設計が必要となる．これを目的としたフィルタとして，ウィーナフィルタやカルマンフィルタなどがある．

(c) 信号復元フィルタ

劣化した信号を原信号に近い形に復元するためのフィルタ．例えば，画像処理の分野で焦点ぼけした画像を復元するためのフィルタ，データ伝送の分野での伝送路等化フィルタなどがある．

(d) 予測・補間フィルタ

信号の予測フィルタや補間フィルタは，基本的にはウィーナフィルタやカルマンフィルタの特別な場合として導くことができる．特に予測フィルタは音声処理の分野で重要な役割を担っている．

このようなフィルタは，最近ではディジタル的に実現することが多い．すなわち，処理すべき信号波形が与えられたときに，まずこれをアナログ・ディジタル変換でディジタル系列に変換し，フィルタ処理は全てディジタル的に行う．そして必要に応じて，処理された信号をアナログ的な連続信号に戻す．このような形で実現されるフィルタが**ディジタルフィルタ** (digital filter) である．

(2)　ディジタルフィルタの実現

実用的なディジタルフィルタは，ほとんどが線形フィルタであり，これまで述べた離散時間線形システムの理論をそのまま適用できる（注）．実際，図 9.9 あるいは図 9.11 は，具体的にディジタルフィルタを実現するときの回路構成として意味をもっている．特にディジタルフィルタを FIR システムとして実現する場合は，図 9.9 の構成にすることが多い．この形のディジタルフィルタは，**トランスバーサル型フィルタ**と呼ばれている．

注意　ディジタルフィルタでは，時間軸上の離散化（サンプリング）だけでなく，振幅の離散化（量子化）も行われる．しかし，実際には振幅の量子化は十分なビット数（例えば 20 ビット）で行うことが多く，近似的に設計するときは振幅はほぼ実数であると考えてもよい．□

一方，IIR のディジタルフィルタは，図 9.11 以外にも，さまざまな回路構成法がある．例えば，式 (9.32) の伝達関数は，分母と分子の多項式をそれぞれ $Q(z)$，$P(z)$ とおけば

$$H(z) = \frac{P(z)}{Q(z)} \tag{9.33}$$

と表され，図 9.11 は，このうち $P(z)$ の部分を先に構成し，この後に $1/Q(z)$ を縦続接続した回路になっている．これを縦続接続の順序を交代させると，図 9.12 の形の回路でも実現され，遅延素子の節約が図られていることがわかる．

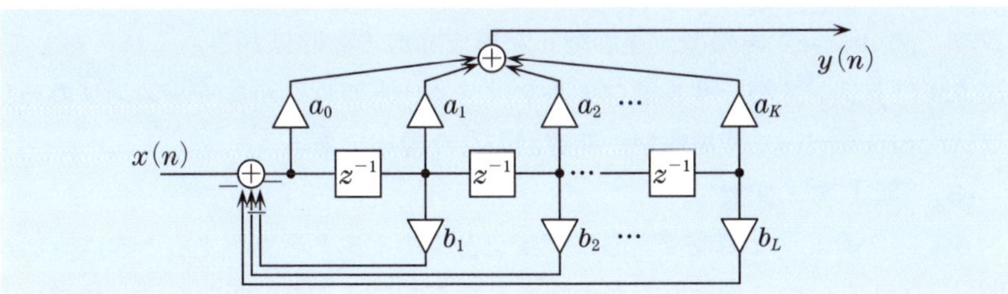

図 9.12　IIR 回路の別の構成 ($k = L$ のとき)

また，式 (9.33) は分母と分子を因数分解して，分母と分子の因数を適当に組合せると

$$H(z) = H_1(z)H_2(z)\cdots H_M(z) \tag{9.34}$$

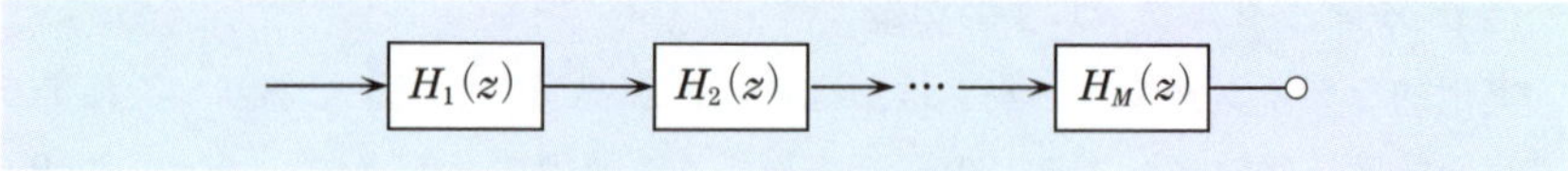

図 9.13　回路の継続接続

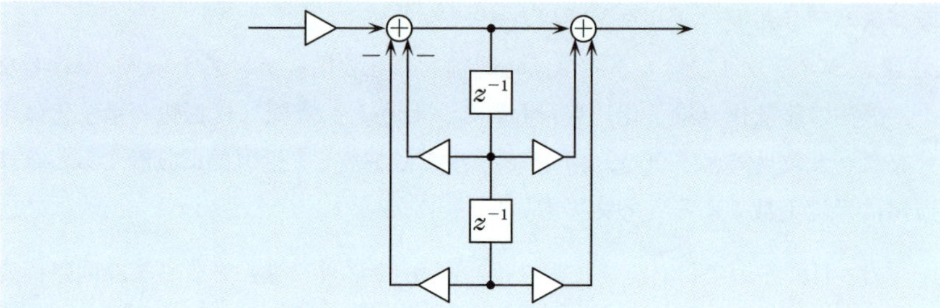

図 9.14　2次の IIR 回路

のように，積の形で表現できる．これは図 9.13 のように次数の小さい簡単なフィルタを縦続接続することによっても回路を構成できることを意味している．実際，IIR ディジタルフィルタでは分母・分子ともに 2 次の多項式の回路を構成して縦続接続することが多い．この 2 次の回路の構成を図 9.14 に示しておく．

図 9.11，図 9.12，図 9.14 は，回路の中にフィードバックがあるので**リカーシブ**（recursive：**再帰型，巡回型**）な構成であると呼ばれる．これに対して，図 9.9 のトランスバーサル型フィルタはフィードバックがなく，**ノンリカーシブ**（nonrecursive：**非再帰型，非巡回型**）な構成である．

(3)　双 1 次 z 変換

さて，このような構成で実際にディジタルフィルタを実現するときは，伝達関数 $H(z)$ をいかに設計するかが課題となる．フィルタの所望特性（仕様）が与えれたときに，これ $H(z)$ で近似する手順は，一部はコンピュータを用いた設計プログラムとして整備されているので，それを利用することもできる．

一方で，例えばアナログのフィルタの分野で，所望の伝達特性が s 領域で $H(s)$ としてわかっているときは，これを s-z 変換で z 領域に変換することによっても $H(z)$ を求めることもできる．s-z 変換としては，ラプラス変換と z 変

換の関係を与える

$$z = e^{sT} \tag{9.35}$$

をそのまま代入する方法（標準 z 変換）もあるが，より簡便で特性も優れた方法として

$$s = \frac{2}{T}\frac{1-z^{-1}}{1+z^{-1}} \tag{9.36}$$

を代入する方法も知られている．これは**双 1 次 z 変換**(bilinear z-transform) と呼ばれている．例題によってこれを説明しよう．

例題 9.1

図の回路を近似するディジタルフィルタを設計してみよう．

(1)　図 9.15 の回路の s 領域伝達関数 $H(s)$ を求めよ．

(2)　これを双 1 次 z 変換により z 領域伝達関数 $H(z)$ に変換せよ．ただし $T = 1$ とする．

(3)　$H(z)$ を実現するディジタルフィルタ（離散時間回路）の構成を示せ．

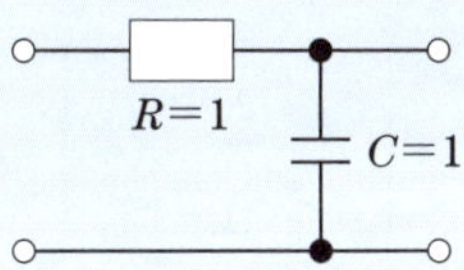

図 9.15　*RC* フィルタ

【解答】（1）　まず，図 9.15 の回路の s 領域伝達関数を求めると

$$\begin{aligned} H(s) &= \frac{\dfrac{1}{sC}}{R+\dfrac{1}{sC}} \\ &= \frac{1}{sCR+1} \\ &= \frac{1}{s+1} \end{aligned} \tag{9.37}$$

（2）　上式の s に式 (9.36) を代入すると

$$
\begin{aligned}
\frac{1}{s+1} &= \frac{1}{\dfrac{2}{T}\dfrac{1-z^{-1}}{1+z^{-1}}+1} \\
&= \frac{1+z^{-1}}{2(1-z^{-1})+(1+z^{-1})} \\
&= \frac{1+z^{-1}}{3-z^{-1}} \\
&= \frac{1}{3}\frac{1+z^{-1}}{1-\dfrac{1}{3}z^{-1}}
\end{aligned}
$$

すなわち

$$
H(z) = \frac{1}{3}\frac{1+z^{-1}}{1-\dfrac{1}{3}z^{-1}} \tag{9.38}
$$

(3)　この式 (9.38) は例えば図 9.16 の回路で実現される．■

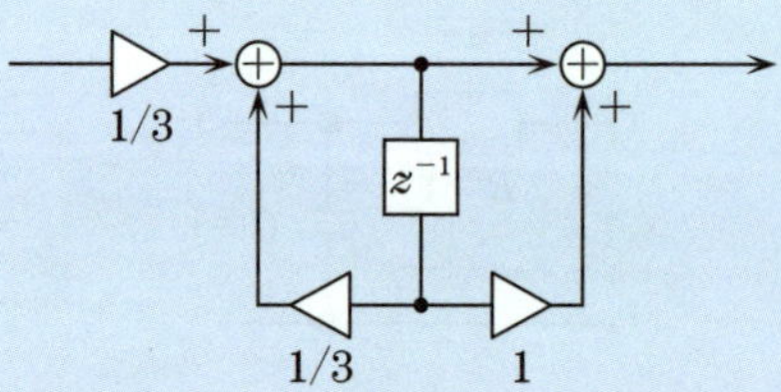

図 9.16　*RC* フィルタを近似するディジタルフィルタ

9章の問題

□ **1** 次の入出力関係をもつ 1 次の離散時間線形システムを考える．

$$y(n) - ay(n-1) = x(n) - bx(n-1)$$

ここに $x(n)$：入力，$y(n)$：出力，パラメータ a，b は実数の定数とする．

(1) このシステムの回路構成を示せ．

(2) z 領域伝達関数と単位パルス応答を求めよ．

(3) システムが安定であるために，a，b が満たすべき条件を求めよ．

□ **2** 右図のディジタルフィルタについて，次の問に答えよ．

ここに，b は実数で $|b| \leq 1$ とする．

(1) 伝達関数 $H(z)$ を求めよ．

(2) 特に $b = 0$，1，-1 のときはどのような特性となっているか．

(3) このフィルタの周波数特性は次のいずれの場合か．

① 低域通過（LP）型

② 高域通過（HP）型

③ 全域通過（オールパス）型（位相のみ変化）

番号を選び，その理由を説明せよ．

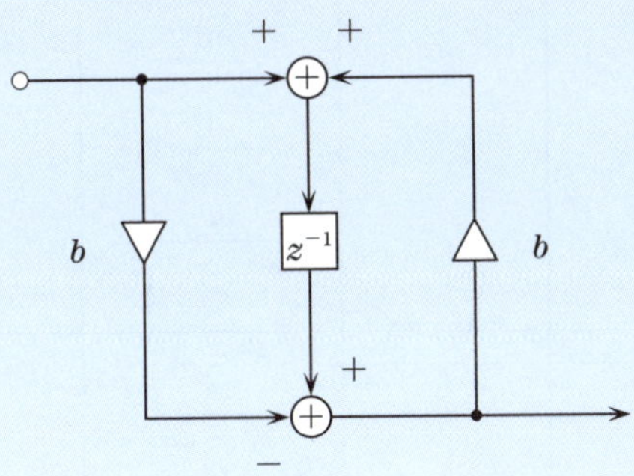

図 9.17

付　　　録

A　ラプラス変換表

ラプラス変換を用いた微分方程式の解法は，表を参照することによってこと足りることがほとんどであるので，最後に主な関数の変換表をまとめておく．

表 A.1　基本的なラプラス（順）変換表

$f(t)$	$F(s)$
$\delta(t)$	1
$1,\ u(t)$	$\dfrac{1}{s}$
t	$\dfrac{1}{s^2}$
t^n	$\dfrac{n!}{s^{n+1}}$
$e^{\alpha t}$	$\dfrac{1}{s-\alpha}$
$t^n e^{\alpha t}$	$\dfrac{n!}{(s-\alpha)^{n+1}}$
$\sin \omega t$	$\dfrac{\omega}{s^2+\omega^2}$
$\cos \omega t$	$\dfrac{s}{s^2+\omega^2}$
$e^{-\alpha t}\sin \omega t$	$\dfrac{\omega}{(s+\alpha)^2+\omega^2}$
$e^{-\alpha t}\cos \omega t$	$\dfrac{s+\alpha}{(s+\alpha)^2+\omega^2}$

表 A.2　やや高度な関数のラプラス（順）変換表

$f(t)$	$F(s)$
$t^{\alpha} \quad (\alpha > -1)$	$\dfrac{\Gamma(\alpha+1)}{s^{\alpha+1}}$
$\dfrac{1}{\sqrt{\pi t}}$	$\dfrac{1}{\sqrt{s}}$
$\sqrt{\dfrac{4t}{\pi}}$	$\dfrac{1}{s^{3/2}}$
$\sin^2 \omega t$	$\dfrac{2\omega^2}{s(s^2+4\omega^2)}$
$\cos^2 \omega t$	$\dfrac{s^2+2\omega^2}{s(s^2+4\omega^2)}$
$t \sin \omega t$	$\dfrac{2\omega s}{(s^2+\omega^2)^2}$
$t \cos \omega t$	$\dfrac{s^2-\omega^2}{(s^2+\omega^2)^2}$
$\sinh \omega t$	$\dfrac{\omega}{s^2-\omega^2}$
$\cosh \omega t$	$\dfrac{s}{s^2-\omega^2}$
$\sinh^2 \omega t$	$\dfrac{2\omega^2}{s(s^2-4\omega^2)}$
$\cosh^2 \omega t$	$\dfrac{s^2-2\omega^2}{s(s^2-4\omega^2)}$
$\dfrac{\sinh \omega t}{t}$	$\dfrac{1}{2}\log\dfrac{s+\omega}{s-\omega}$
$\dfrac{\sinh^2 \omega t}{t}$	$-\dfrac{1}{4}\log\left(1-\dfrac{4\omega^2}{s^2}\right)$
$\dfrac{\sin \omega t}{t}$	$\tan^{-1}\dfrac{\omega}{s}$
$\dfrac{1-\cos \omega t}{t}$	$\dfrac{1}{2}\log\left(1+\dfrac{\omega^2}{s^2}\right)$
$\dfrac{\sin^2 \omega t}{t}$	$\dfrac{1}{4}\log\left(1+\dfrac{4\omega^2}{s^2}\right)$
$e^{-\alpha t}\sinh \omega t$	$\dfrac{\omega}{(s+\alpha)^2-\omega^2}$
$e^{-\alpha t}\cosh \omega t$	$\dfrac{s+\alpha}{(s+\alpha)^2-\omega^2}$

$e^{-\alpha t}\sin(\omega t+\theta)$	$\dfrac{(s+\alpha)\sin\theta+\omega\cos\theta}{(s+\alpha)^2+\omega^2}$
$e^{-\alpha t}\cos(\omega t+\theta)$	$\dfrac{(s+\alpha)\cos\theta-\omega\sin\theta}{(s+\alpha)^2+\omega^2}$
$\log t$	$-\dfrac{1}{s}(\log s+\gamma)$ (γ:オイラーの定数 $\gamma=0.57721\cdots$)
$J_0(at)$	$\dfrac{1}{\sqrt{s^2+a^2}}$
$J_0(2\sqrt{kt})$	$\dfrac{1}{s}e^{-\frac{k}{s}}$
$J_0(\sqrt{t^2-a^2})$	$\dfrac{1}{\sqrt{s^2+1}}e^{-a\sqrt{s^2+1}}$ $(t>a)$
$J_n(at)$	$\dfrac{(\sqrt{s^2+a^2}-s)^n}{a^n\sqrt{s^2+a^2}}$
$\dfrac{1}{t}J_n(t)$	$\dfrac{(\sqrt{s^2+1}-s)^n}{n}$ $(n\neq 0)$
$t^nJ_n(at)$	$\dfrac{(2a)^n\Gamma\left(n+\frac{1}{2}\right)}{\sqrt{\pi}(s^2+a^2)^{-n+\frac{1}{2}}}$ $\left(n>-\dfrac{1}{2}\right)$
$\mathrm{erf}(\sqrt{t})$	$\dfrac{1}{s\sqrt{s+1}}$
$e^t\mathrm{erf}(\sqrt{t})$	$\dfrac{1}{\sqrt{s}(s-1)}$
$\mathrm{erfc}(\sqrt{t})$	$\dfrac{1}{s}\cdot\dfrac{1}{\sqrt{s+1}}(\sqrt{s+1}-1)$
$e^t\mathrm{erfc}(\sqrt{t})$	$\dfrac{1}{\sqrt{s}(\sqrt{s}+1)}$
$1-\mathrm{erf}\left(\dfrac{a}{2\sqrt{t}}\right)$	$\dfrac{1}{s}e^{-a\sqrt{s}}$

*） $\mathrm{erf}(x)$ は式（4.42）参照．また，$\mathrm{erfc}(x)$ は相補誤差関数で，

$$\mathrm{erfc}(x)=\int_x^\infty e^{-u^2}du=1-\mathrm{erf}(x)$$

B　ラプラス変換の主な公式

$$F(s) = \mathcal{L}\{f(t)\} = \int_0^\infty e^{-st} f(t)\,dt$$　（ラプラス変換の定義）

$$hf(t) + kg(t) \quad \hookrightarrow \quad hF(s) + kG(s)$$　（ラプラス変換の線形性）

$$F(s-a) \quad \hookrightarrow \quad e^{at} \cdot f(t)$$　（s 軸上の移動定理）

$$f(t-a) \quad \hookrightarrow \quad e^{-as} \cdot F(s)$$　（t 軸上の移動定理）

$$f'(t) \quad \hookrightarrow \quad sF(s) - f(0_+)$$　（t-関数の微分）

$$f''(t) \quad \hookrightarrow \quad s^2F(s) - sf(0_+) - f'(0_+)$$

$$f^{(n)}(t) \quad \hookrightarrow \quad s^nF(s) - s^{n-1}f(0_+) - s^{n-2}f'(0_+) - \cdots - sf^{(n-2)}(0_+) - f^{(n-1)}(0_+)$$

$$F'(s) \quad \hookrightarrow \quad (-t)f(t)$$　（s-関数の微分）

$$F^{(n)}(s) \quad \hookrightarrow \quad (-1)^n t^n \cdot f(t)$$

$$\int f(t)dt \quad \hookrightarrow \quad \frac{1}{s}F(s) + \frac{1}{s}f^{(-1)}(0_+)$$　（t-関数の不定積分）

ただし，$f^{(-1)}(0_+) = \lim_{t \to 0_+} \left[\int f(t)\,dt \right]$

$$\underbrace{\iiint \cdots \int}_{n\ 個} f(t)dt^n \quad \hookrightarrow \quad \frac{1}{s^n}F(s) + \frac{1}{s^n}f^{(-1)}(0_+) + \frac{1}{s^{n-1}}f^{(-2)}(0_+) + \cdots + \frac{1}{s^2}f^{(-n+1)}(0_+) + \frac{1}{s}f^{(-n)}(0_+) = \frac{1}{s^n}F(s) + \sum_{k=1}^{n} \frac{f^{(-k)}(0_+)}{s^{n-k+1}}$$　（t-関数の不定積分）

ただし，$f^{(-k)}(0_+) = \lim_{t \to 0_+} \left[\underbrace{\iint \cdots \int}_{k\ 個} f(t)\,dt^k \right]$

$$\int_0^t f(\tau)d\tau \quad \hookrightarrow \quad \frac{1}{s}\mathcal{L}[f(t)] = \frac{1}{s}F(s)$$　（t-関数の定積分）

$$\int_0^t \int_0^\tau f(\lambda)d\lambda d\tau \quad \hookrightarrow \quad \frac{1}{s^2}F(s)$$　（t-関数の定積分）

$$\int_s^\infty F(\sigma)d\sigma \quad \hookrightarrow \quad \frac{f(t)}{t}$$　（s-関数の積分）

$$f(at) \quad \hookrightarrow \quad \frac{1}{a}F\left(\frac{s}{a}\right) \qquad \text{（相似定理）}$$

$$F(as) \quad \hookrightarrow \quad \frac{1}{a}f\left(\frac{t}{a}\right) \qquad \text{（相似定理）}$$

$$f(at-b) \quad \hookrightarrow \quad \frac{1}{a}e^{-\frac{b}{a}s}F\left(\frac{s}{a}\right) \qquad \text{（変数の 1 次変換）}$$

$$F(as+b) \quad \hookrightarrow \quad \frac{1}{a}e^{-\frac{b}{a}t}f\left(\frac{t}{a}\right) \qquad \text{（変数の 1 次変換）}$$

$$F_1(s)\cdot F_2(s) \quad \hookrightarrow \quad f_1(t)*f_2(t) \quad \text{（合成定理）}$$

ただし，$f_1(t)*f_2(t) = \int_0^t f_1(\tau)f_2(t-\tau)d\tau$

$$= \int_0^t f_1(t-\tau)f_2(\tau)d\tau$$

$$\lim_{t\to\infty} f(t) = \lim_{s\to 0} sF(s) \qquad \text{（極限値定理）}$$

$$\lim_{t\to 0_+} f(t) = \lim_{s\to\infty} sF(s) \quad \text{（極限値定理）}$$

C　ラプラス逆変換表

公式を使って誘導できるものばかりであるが，逆変換の計算に便利なように多めに載せておく．

表 C.1　ラプラス逆変換表

$F(s)$	$f(t)$
1	$\delta(t)$
$e^{-t_0 s}$	$\delta(t-t_0)$
$\dfrac{1}{s}$	$1,\ u(t)$
$\dfrac{1}{s^2}$	t
$\dfrac{1}{s^n}$	$\dfrac{t^{n-1}}{(n-1)!}$
$\dfrac{1}{s-\alpha}$	$e^{\alpha t}$
$\dfrac{1}{(s-\alpha)^n}$	$\dfrac{t^{n-1}e^{\alpha t}}{(n-1)!}$
$\dfrac{1}{s^2+\omega^2}$	$\dfrac{1}{\omega}\sin\omega t$
$\dfrac{s}{s^2+\omega^2}$	$\cos\omega t$
$\dfrac{1}{(s+\alpha)^2+\omega^2}$	$\dfrac{1}{\omega}e^{-\alpha t}\sin\omega t$
$\dfrac{s+\alpha}{(s+\alpha)^2+\omega^2}$	$e^{-\alpha t}\cos\omega t$
$\dfrac{1}{(s-a)(s-b)}$	$\dfrac{1}{a-b}(e^{at}-e^{bt})$
$\dfrac{c+ds}{(s-a)(s-b)}$	$\dfrac{1}{a-b}\{(c+da)e^{at}-(c+db)e^{bt}\}$
$\dfrac{b+cs}{s(1+as)}$	$b+\left(\dfrac{c}{a}-b\right)e^{-\frac{t}{a}}$
$\dfrac{c+ds}{(1+as)(1+bs)}$	$\dfrac{ac-d}{a(a-b)}e^{-\frac{t}{a}}-\dfrac{bc-d}{b(a-b)}e^{-\frac{t}{b}}$
$\dfrac{1}{s(1+as)(1+bs)}$	$1+\dfrac{ae^{-\frac{t}{a}}-be^{-\frac{t}{b}}}{b-a}$
$\dfrac{1}{s^2(s+\alpha)}$	$\dfrac{1}{\alpha^2}(e^{-\alpha t}-1+\alpha t)$

$\dfrac{s+\beta}{s^2(s+\alpha)}$	$\dfrac{1}{\alpha^2}\{(\beta-\alpha)e^{-\alpha t}+\alpha\beta t+(\alpha-\beta)\}$
$\dfrac{s^2+\alpha s+\beta}{s^2(s+\alpha)}$	$\dfrac{1}{a^2}\{(a^2-a\alpha+\beta)e^{-at}+(a\alpha-\beta)+\alpha\beta t\}$
$\dfrac{K}{(1+Ts)^2 s}$	$K\left\{1-\left(1+\dfrac{t}{T}\right)e^{-\frac{t}{T}}\right\}$
$\dfrac{s}{(s^2+a^2)^2}$	$\dfrac{t}{2a}\sin at$
$\dfrac{1}{s(s^2+\omega^2)}$	$\dfrac{1}{\omega^2}(1-\cos\omega t)$
$\dfrac{1}{s^2(s^2+\omega^2)}$	$\dfrac{1}{\omega^3}(\omega t-\sin\omega t)$
$\dfrac{s}{(s+\alpha)(s^2+\omega^2)}$	$\dfrac{1}{\alpha^2+\omega^2}\{(\alpha\cos\omega t+\omega\sin\omega t)-\alpha e^{-\alpha t}\}$
$\dfrac{1}{(s^2+a^2)(s^2+b^2)}$	$\dfrac{1}{ab(a^2-b^2)}(a\sin bt-b\sin at)$
$\dfrac{s}{(s^2+a^2)(s^2+b^2)}$	$\dfrac{1}{a^2-b^2}(\cos bt-\cos at)$
$\dfrac{1}{s\{(s+a)^2+b^2\}}$	$\dfrac{1}{a^2+b^2}\left\{1-\dfrac{e^{-at}}{b}(a\sin bt+b\cos bt)\right\}$ $=\dfrac{1}{a^2+b^2}\left\{1-\dfrac{\sqrt{a^2+b^2}}{b}e^{-at}\sin\left(bt+\tan^{-1}\dfrac{b}{a}\right)\right\}$ $(a>0,\ b>0)$
$\dfrac{1}{s\{(s-a)^2+b^2\}}$	$\dfrac{1}{a^2+b^2}\left\{1+\dfrac{\sqrt{a^2+b^2}}{b}e^{at}\sin\left(bt-\tan^{-1}\dfrac{b}{a}\right)\right\}$ $(a>0,\ b>0)$

*）付録の表は，山田・島村「基礎ラプラス変換」（コロナ社，1965）の巻末付録を参照した．

章末問題解答

1　ラプラス変換の基礎

1　(1)　$\dfrac{\alpha}{(s-\alpha)^2+\omega^2}$, $\dfrac{s-\alpha}{(s-\alpha)^2+\omega^2}$

(2)　$\sinh\,\alpha t = \dfrac{1}{2}(e^{\alpha t} - e^{-\alpha t})$

$$\to \frac{1}{2}\left(\frac{1}{s-\alpha} - \frac{1}{s+\alpha}\right) = \frac{1}{2}\,\frac{\not{s}+\alpha-\not{s}+\alpha}{s^2-\alpha^2} = \frac{\alpha}{s^2-\alpha^2}$$

$$\cosh\,\alpha t = \frac{1}{2}(e^{\alpha t} + e^{-\alpha t})$$

$$\to \frac{1}{2}\left(\frac{1}{s-\alpha} + \frac{1}{s+\alpha}\right) = \frac{1}{2}\,\frac{s+\not{\alpha}+s-\not{\alpha}}{s^2-\alpha^2} = \frac{s}{s^2-\alpha^2}$$

(3)　$\mathcal{L}\left[\dfrac{\sin\beta t}{t}\right] = \tan^{-1}\dfrac{\beta}{s}$

$$\mathcal{L}[e^{\alpha t}f(t)] = F(s-\alpha)$$

より,

$$\mathcal{L}\left[e^{\alpha t}\frac{\sin\beta t}{t}\right] = \tan^{-1}\frac{\beta}{s-\alpha}$$

(4)　$\sin^2 t = \dfrac{1-\cos 2t}{2}$

$$\mathcal{L}[\sin^2 t] = \frac{1}{2}\left(\frac{1}{s} - \frac{s}{s^2+4}\right) = \frac{2}{s(s^2+4)}$$

$$\therefore\quad \mathcal{L}[f(t)] = (1-e^{-\pi s})\frac{2}{s(s^2+4)}$$

(5)　$|\sin\omega t|$

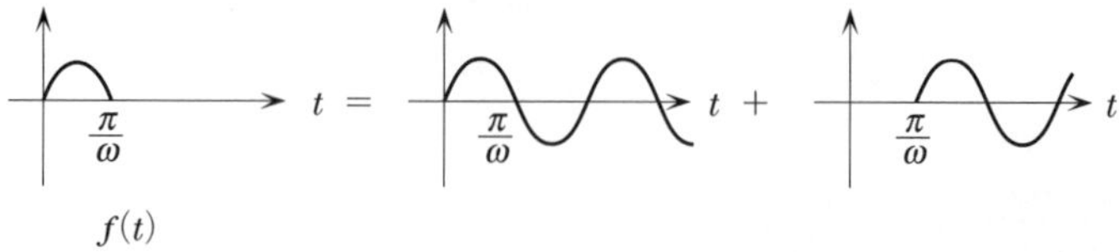

まず，上図 $f(t)$ のラプラス変換 $F(s)$ を求める．これは，2 つの関数の和で表されるので，

$$F(s) = \frac{\omega}{s^2+\omega^2} + e^{-\frac{\pi}{\omega}s}\frac{\omega}{s^2+\omega^2} = \left(1+e^{-\frac{\pi}{\omega}s}\right)\frac{\omega}{s^2+\omega^2}$$

次に $|\sin\omega t|$ は $f(t)$ を時間推移したものを足し合わせたものなので，

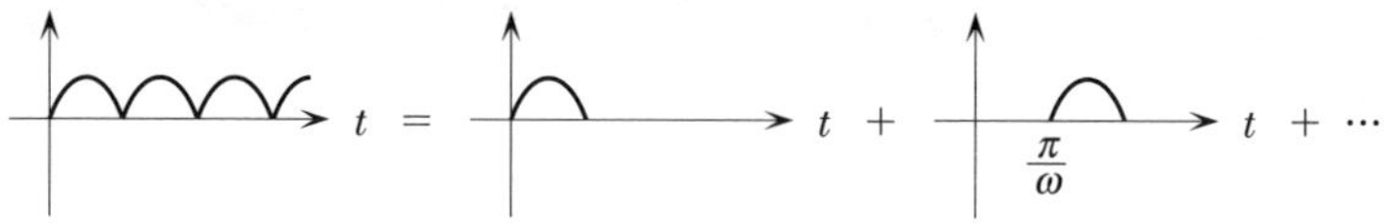

$$\begin{aligned}\mathcal{L}[|\sin\omega t|] &= F(s) + e^{-\frac{\pi}{\omega}s}F(s) + e^{-\frac{2\pi}{\omega}s}F(s) + \cdots \\ &= (1+e^{-\frac{\pi}{\omega}s})\frac{\omega}{s^2+\omega^2}(1+e^{-\frac{\pi}{\omega}s}+e^{-\frac{2\pi}{\omega}s}+\cdots) \\ &= \frac{1+e^{-\frac{\pi}{\omega}s}}{1-e^{-\frac{\pi}{\omega}s}}\frac{\omega}{s^2+\omega^2}\end{aligned}$$

(6)

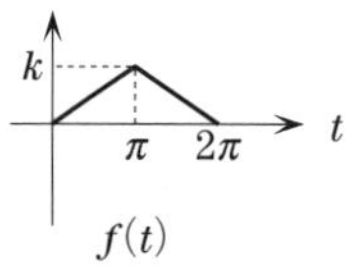

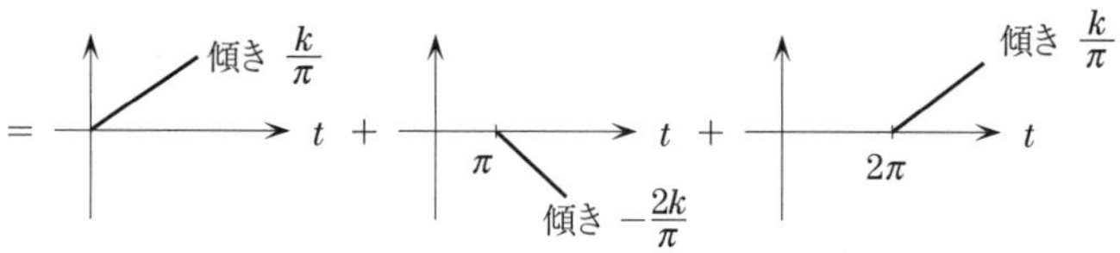

まず，上図 $f(t)$ のラプラス変換 $F(s)$ を求める．これは，3 つの関数の和で表されるので，

$$F(s) = \frac{k}{\pi}\frac{1}{s^2} - \frac{2k}{\pi}\frac{1}{s^2}e^{-\pi s} + \frac{k}{\pi}\frac{1}{s^2}e^{-2\pi s} = \frac{k}{\pi}(1-e^{-\pi s})^2\frac{1}{s^2}$$

次に求める関数は $f(t)$ を時間推移したものを足し合わせたものなので，そのラプラス変換は，

$$
\begin{aligned}
&F(s) + e^{-2\pi s}F(s) + e^{-4\pi s}F(s) + \cdots \\
&= \frac{k}{\pi}(1 - e^{-\pi s})^2 \frac{1}{s^2}(1 + e^{-2\pi s} + e^{-4\pi s} + \cdots) \\
&= \frac{k}{\pi}\frac{(1 - e^{-\pi s})^2}{s^2(1 - e^{-2\pi s})}
\end{aligned}
$$

2 (1) $\displaystyle\int_0^\infty t^n e^{-\alpha t}dt = \left.\frac{n!}{s^{n+1}}\right|_{s=\alpha} = \frac{n!}{\alpha^{n+1}}$

(2) $\displaystyle\int_0^\infty e^{-\alpha t}\cos\omega t\ dt = \left.\frac{s}{s^2+\omega^2}\right|_{s=\alpha} = \frac{\alpha}{\alpha^2+\omega^2}$

(3) $\displaystyle\int_0^\infty \sin\alpha t\cosh\alpha t\ dt$

$$
\begin{aligned}
&= \frac{1}{2}\int_0^\infty (e^{\alpha t}\sin\alpha t + e^{-\alpha t}\sin\alpha t)dt \\
&= \frac{1}{2}\left\{\left.\frac{\alpha}{s^2+\alpha^2}\right|_{s=\alpha} + \left.\frac{\alpha}{s^2+\alpha^2}\right|_{s=-\alpha}\right\} \\
&= \frac{1}{2}\left(\frac{\alpha}{2\alpha^2} + \frac{\alpha}{2\alpha^2}\right) = \frac{1}{2\alpha}
\end{aligned}
$$

3 (1)

$$
\begin{aligned}
\int_0^\infty F(s)ds &= \int_0^\infty\left\{\int_0^\infty f(t)e^{-st}dt\right\}ds \\
&= \int_0^\infty f(t)\left\{\int_0^\infty e^{-st}ds\right\}dt \\
&= \int_0^\infty f(t)\left\{\frac{-1}{t}\Big[e^{-st}\Big]_0^\infty\right\}dt \\
&= \int_0^\infty \frac{f(t)}{t}dt
\end{aligned}
$$

(2) $\displaystyle\int_0^\infty \frac{\sin at}{t}dt = \int_0^\infty \mathcal{L}[\sin at]ds = \int_0^\infty \frac{a}{s^2+a^2}ds$

いま，$s = a\tan\theta$ と置換すると，$s : 0 \to \infty$ は $\theta : 0\ \to \dfrac{\pi}{2}$ となり．

$$
\begin{aligned}
\int_0^\infty \frac{a}{s^2+a^2}ds &= \int_0^{\frac{\pi}{2}} \frac{a}{a^2(\tan^2\theta+1)}\frac{a}{\cos^2\theta}d\theta \\
&= \int_0^{\frac{\pi}{2}} \frac{1}{a\left(\dfrac{1}{\cos^2\theta}\right)}\frac{a}{\cos^2\theta}d\theta \\
&= \int_0^{\frac{\pi}{2}} d\theta = \frac{\pi}{2}
\end{aligned}
$$

2 ラプラス変換の数学的な補足

1 (1) $\displaystyle\lim_{t\to\infty}\frac{e^{\sqrt{t}}}{Me^{\beta t}}=\lim_{t\to\infty}\frac{1}{M}e^{\sqrt{t}-\beta t}=0$

よって，収束.

(2) $\displaystyle\lim_{t\to\infty}\frac{e^{t\ln t}}{Me^{\beta t}}=\lim_{t\to\infty}\frac{1}{M}e^{t(\ln t-\beta)}=\infty$

よって，収束しない.

(3) $\displaystyle\lim_{t\to\infty}\frac{\frac{\sin at}{t}}{Me^{\beta t}}=\lim_{t\to\infty}\frac{1}{M}\sin at\frac{1}{t}e^{-\beta t}=0$

よって，収束.

2 (1) $\displaystyle\mathcal{L}^{-1}\left[\frac{b}{(s+a)^2+b^2}\right]$

$$=\frac{1}{2\pi j}\int_{c-j\infty}^{c+j\infty}\frac{b}{(s+a)^2+b^2}e^{st}ds$$

極を $c=-a+jb,\ d=-a-jb$ とおいて，

$$=\frac{1}{2\pi j}\int_{c-j\infty}^{c+j\infty}\frac{\frac{1}{2j}(c-d)}{(s-c)(s-d)}e^{st}ds$$

となり留数を求めると，

$$\begin{aligned}\mathrm{Res}[F(s),e^{st}]&=\lim_{s\to c}\frac{\frac{1}{2j}(c-d)}{s-d}e^{st}+\lim_{s\to d}\frac{\frac{1}{2j}(c-d)}{s-c}e^{st}\\&=\frac{1}{2j}(e^{ct}-e^{dt})\end{aligned}$$

ここで c,d をもとに置き換え

$$=e^{-at}\sin bt$$

よって，

$$\mathcal{L}^{-1}\left[\frac{b}{(s+a)^2+b^2}\right]=e^{-at}\sin bt$$

(2) $\displaystyle\mathcal{L}^{-1}\left[\frac{s^2+s+1}{s^3+s^2+s+1}\right]=\frac{1}{2\pi j}\int_{c-j\infty}^{c+j\infty}\frac{s^2+s+1}{s^3+s^2+s+1}e^{st}ds$

極は $-1,\pm j$ であるから，同様に留数の定理を用いて，

$$\begin{aligned}
&\mathrm{Res}[F(s), e^{st}] \\
&= \lim_{s\to -1}\frac{s^2+s+1}{(s+j)(s-j)}e^{st} + \lim_{s\to j}\frac{s^2+s+1}{(s+1)(s+j)}e^{st} + \lim_{s\to -j}\frac{s^2+s+1}{(s+1)(s-j)}e^{st} \\
&= \frac{1}{2}e^{-t} + \frac{1}{2}\left(\frac{e^{jt}}{2} - \frac{je^{jt}}{2}\right) + \frac{1}{2}\left(\frac{e^{-jt}}{2} + \frac{je^{-jt}}{2}\right) \\
&= \frac{1}{2}(e^{-t} + \cos t + \sin t)
\end{aligned}$$

よって,

$$\mathcal{L}^{-1}\left[\frac{s^2+s+1}{s^3+s^2+s+1}\right] = \frac{1}{2}(e^{-t}+\cos t+\sin t)$$

(3) $$\mathcal{L}^{-1}\left[\frac{1-e^{\tau s}}{s}\right] = \frac{1}{2\pi j}\int_{c-j\infty}^{c+j\infty}\frac{1-e^{-\tau s}}{s}e^{st}ds$$

さて，この積分を考えるにあたり，$F(s)e^{st}$ を $\dfrac{e^{st}}{s}$ と $\dfrac{e^{s(t-\tau)}}{s}$ にわけて

$$\begin{aligned}
&\frac{1}{2\pi j}\int_{c-j\infty}^{c+j\infty}\frac{e^{st}}{s}ds \\
&= \mathrm{Res}\left[\frac{e^{st}}{s}\right] \\
&= \lim_{s\to 0} e^{st} = 1
\end{aligned}$$

$\dfrac{1}{2\pi j}\displaystyle\int_{c-j\infty}^{c+j\infty}\frac{e^{s(t-\tau)}}{s}ds$ については

$t>\tau$ のとき，積分路を右図のようにとり，

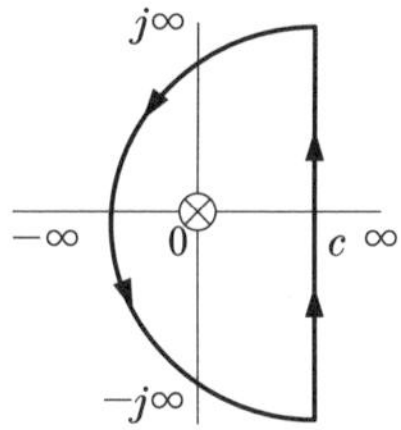

$$\begin{aligned}
&\frac{1}{2\pi j}\int_{c-j\infty}^{c+j\infty}\frac{e^{s(t-\tau)}}{s}ds \\
&= \mathrm{Res}\left[\frac{e^{s(t-\tau)}}{s}\right] \\
&= \lim_{s\to 0} e^{s(t-\tau)} = 1
\end{aligned}$$

$0<t<\tau$ のときは，積分路を右図のようにとる．
極をもたないから

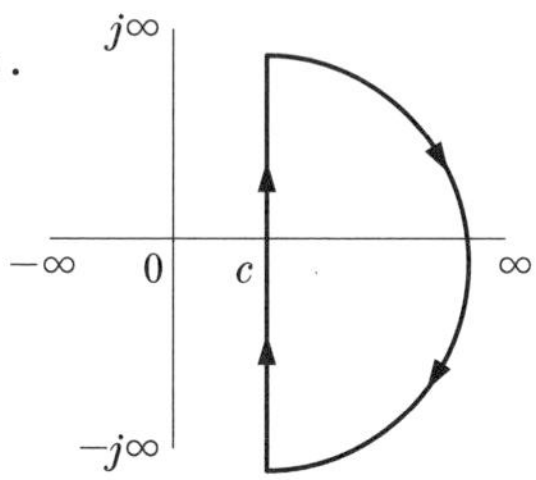

$$\frac{1}{2\pi j}\int_{c-j\infty}^{c+j\infty}\frac{e^{s(t-\tau)}}{s}ds = 0$$

$$\mathcal{L}^{-1}\left[\frac{1-e^{-\tau s}}{s}\right] = \begin{cases} 1 & (t>\tau) \\ 0 & (0<t<\tau)\end{cases}$$

3 (1) ①

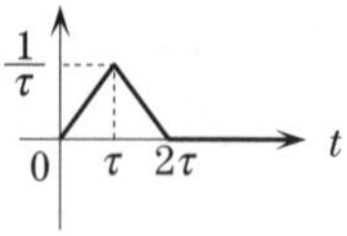

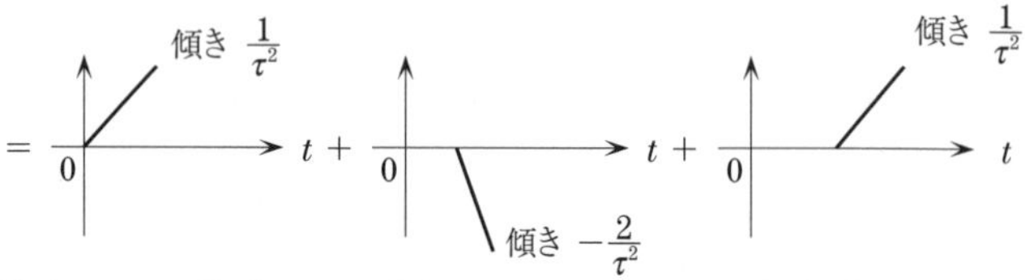

図の関数は，3 つの関数の足し合わせなので，そのラプラス変換は，

$$\frac{1}{\tau^2}\frac{1}{s^2}-\frac{2}{\tau^2}\frac{1}{s^2}e^{-\tau s}+\frac{1}{\tau^2}\frac{1}{s^2}e^{-2\tau s}=\frac{(1-e^{-\tau s})^2}{\tau^2 s^2}$$

②

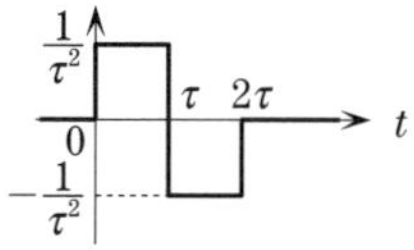

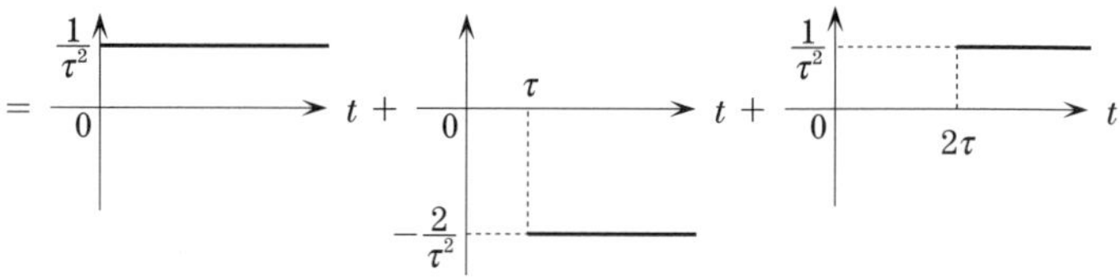

図の関数は，3 つの関数の足し合わせなので，そのラプラス変換は，

$$\frac{1}{\tau^2}\frac{1}{s}-\frac{2}{\tau^2}\frac{1}{s}e^{-\tau s}+\frac{1}{\tau^2}\frac{1}{s}e^{-2\tau s}=\frac{(1-e^{-\tau s})^2}{\tau^2 s}$$

(2)

$$\begin{aligned}\lim_{\tau\to 0}\frac{(1-e^{-\tau s})^2}{\tau^2 s^2}&=\lim_{\tau\to 0}\frac{e^{-\tau s}-e^{-2\tau s}}{\tau s} &&\text{（ロピタルの定理）}\\&=\lim_{\tau\to 0}\frac{-se^{-\tau s}+2se^{-2\tau s}}{s} &&\text{（ロピタルの定理）}\\&=1\end{aligned}$$

$$\begin{aligned}\lim_{\tau\to 0}\frac{(1-e^{-\tau s})^2}{\tau^2 s}&=s\lim_{\tau\to 0}\frac{(1-e^{-\tau s})^2}{\tau^2 s^2}\\&=s\end{aligned}$$

3 定係数線形常微分方程式の解法

1 省略

2 (1) ① $\mathcal{L}[f^n(t)] = s^n F(s) - \{s^{n-1}f(0_+) + s^{n-2}f'(0_+) + \cdots + sf^{(n-2)}(0_+) + f^{(n-1)}(0_+)\}$

より

$$\begin{aligned}\mathcal{L}[x^{(4)}] &= s^4X(s) - \{s^3x(0_+) + s^2x'(0_+) + sx''(0_+) + x'''(0_+)\} \\ &= s^4X(s) - (s^2 - 1)\end{aligned}$$

② $\mathcal{L}[x^{(4)} - x] = s^4X(s) - (s^2-1) - X(s) = 0$

$$\therefore \quad X(s)\frac{s^2-1}{s^4-1} = \frac{1}{s^2+1}$$

③ $\mathcal{L}^{-1}[X(x)] = \mathcal{L}^{-1}\left[\dfrac{1}{s^2+1}\right] = \sin t$

$\therefore \quad x = \sin t$

注意　特性方程式 $\lambda^4 - 1 = (\lambda^2-1)(\lambda^2+1)$ より $\lambda = \pm 1, \pm i$

ゆえに，一般解は $x = C_1e^t + C_2e^{-t} + C_3\cos t + C_4\sin t$

$$x(0_+) = C_1 + C_2 + C_3 = 0 \qquad \text{(i)}$$

$$x' = C_1e^t - C_2e^{-t} + C_3\sin t + C_4\cos t$$

$$x'(0_+) = C_1 - C_2 + C_4 = 1 \qquad \text{(ii)}$$

$$x'' = C_1e^t + C_2e^{-t} - C_3\cos t - C_4\sin t$$

$$x''(0_+) = C_1 + C_2 - C_3 = 0 \qquad \text{(iii)}$$

$$x''' = C_1e^t - C_2e^{-t} + C_3\sin t - C_4\cos t$$

$$x'''(0_+) = C_1 - C_2 - C_4 = -1 \qquad \text{(iv)}$$

(i) (iii) より $C_3 = 0$．(ii) (iv) より $C_4 = 1$．(i) より $C_1 + C_2 = 0$．

(ii) より $C_1 - C_2 = 0$

$\therefore \quad C_1 = C_2 = 0$

ゆえに，$x = \sin t$　□

(2) 省略．

(3) ① $\mathcal{L}[x''] = s^2X(s) - \{sx(0_+) + x'(0_+)\} = s^2X(s) - \{sx_0 + x'_0\}$

② 方程式のラプラス変換形：

$$s^2X(s) - (sx_0 + x'_0) + k^2X(s) = a\frac{s}{s^2+\omega^2}$$

③ $X(s) = a\dfrac{s}{(s^2+k^2)(s^2+\omega^2)} + \dfrac{sx_0 + x'_0}{s^2+k^2}$

$k^2 \neq \omega^2$ のとき,

$$\frac{s}{(s^2+k^2)(s^2+\omega^2)} = \frac{As+B}{s^2+k^2} + \frac{Cs+D}{s^2+\omega^2}$$

よって,

$$\frac{As+B}{s^2+k^2} + \frac{Cs+D}{s^2+\omega^2} = \frac{1}{\omega^2-k^2}\left\{\frac{s}{s^2+k^2} - \frac{s}{s^2+\omega^2}\right\}$$

$$\begin{cases} \left.\dfrac{s}{s^2+\omega^2}\right|_{s=jk} = \dfrac{jk}{\omega^2-k^2} = Ajk+B \quad B=0 \text{ より}, A = \dfrac{1}{\omega^2-k^2} \\ \left.\dfrac{s}{s^2+k^2}\right|_{s=j\omega} = \dfrac{j\omega}{k^2-\omega^2} = Cj\omega+D \quad D=0 \text{ より}, C = \dfrac{-1}{\omega^2-k^2} \end{cases}$$

$$\therefore \quad X(s) = \frac{a}{\omega^2-k^2}\left(\frac{s}{s^2+k^2} - \frac{s}{s^2+\omega^2}\right) + \frac{sx_0}{s^2+k^2} + \frac{x_0'}{s^2+k^2}$$

$k^2 = \omega^2$ のとき,

$$X(s) = a\frac{s}{(s^2+k^2)^2} + x_0\frac{s}{s^2+k^2} + x_0'\frac{1}{s^2+k^2}$$

④ $k^2 \neq \omega^2$ のとき,

$$\mathcal{L}^{-1}[X(s)] = x(t) = \frac{a}{\omega^2-k^2}(\cos kt - \cos\omega t) + x_0\cos kt + \frac{x_0'}{k}\sin kt$$

$k^2 = \omega^2$ のとき,

$$\mathcal{L}^{-1}[X(s)] = x(t) = \frac{t}{2k}\sin kt + x_0\cos kt + \frac{x_0'}{k}\sin kt$$

(4) 省略.

(5) ① ラプラス変形：

$$s^2X(s) - \{sx(0_+) + x'(0_+)\} + 2\alpha\{sX(s) - x(0_+)\} + (\alpha^2+\omega^2)X(s) = \frac{k}{s}$$

注意 分母 s を忘れぬようにすること．また，$x'(0_+) = 0$ であることに気をつけること．

$$\{s^2 + 2\alpha s + (\alpha^2+\omega^2)\}X(s) - x_0(s+2\alpha) = \frac{k}{s}$$

□

② $$X(s) = k\frac{1}{s\{s^2+2\alpha s+(\alpha^2+\omega^2)\}} + x_0\frac{s+2\alpha}{\{s^2+2\alpha s+(\alpha^2+\omega^2)\}}$$

$$= k\frac{1}{s\{(s+\alpha)^2+\omega^2\}} + x_0\frac{s+2\alpha}{(s+\alpha)^2+\omega^2}$$

$$= k\frac{1}{\alpha^2+\omega^2}\left\{\frac{1}{s} - \frac{s+2\alpha}{(s+\alpha)^2+\omega^2}\right\} + x_0\frac{(s+\alpha)+\alpha}{(s+\alpha)^2+\omega^2}$$

$$\therefore \quad \left.\frac{1}{s}\right|_{s=-\alpha+j\omega} = \frac{1}{-\alpha+j\omega} = \frac{1}{\alpha^2-\omega^2}(-\alpha-j\omega) = a(-\alpha+j\omega)+b$$
$$= (-a\alpha+b)+ja\omega$$

$$\therefore \quad a = -\frac{-1}{\alpha^2+\omega^2}, \quad b = a\alpha - \frac{\alpha}{\alpha^2+\omega^2} = \frac{-2\alpha}{\alpha^2+\omega^2}$$

注意 $a(-\alpha+j\omega) = as+b|_{s=-\alpha+j\omega}$

③ $\mathcal{L}^{-1}[X(s)] = x(t) = k\dfrac{1}{s^2+\omega^2}\left(1-e^{-\alpha t}\cos\omega t - \dfrac{\alpha}{\omega}e^{-\alpha t}\sin\omega t\right)$

$$+ x_0 e^{-\alpha t}\cos\omega t + x_0\frac{\alpha}{\omega}e^{-\alpha t}\sin\omega t$$
$$= k\frac{1}{\alpha^2+\omega^2}\left\{1-e^{-\alpha t}\left(\cos\omega t+\frac{\alpha}{\omega}\sin\omega t\right)\right\}$$
$$+ x_0 e^{-\alpha t}\left(\cos\omega t+\frac{\alpha}{\omega}\sin\omega t\right)$$
$$= k\frac{1}{\alpha^2+\omega^2} + e^{-\alpha t}\left(\cos\omega t+\frac{\alpha}{\omega}\sin\omega t\right)\left(x_0-\frac{k}{\alpha^2+\omega^2}\right)$$

$$x(t) = k\frac{1}{\alpha^2+\omega^2} + e^{-\alpha t}\left(\cos\omega t+\frac{\alpha}{\omega}\sin\omega t\right)\left(x_0-\frac{k}{\alpha^2+\omega^2}\right)$$

この問題はラプラス変換で解くとかえって複雑になる例である．普通は，

$$x = e^{-\alpha t}(C_1\cos\omega t + C_2\sin\omega t) + \frac{k}{\alpha^2+\omega^2}$$

とおいて係数を定めるほうが簡単になる． □

3 (1) ① ラプラス変換形：

$$s^2Y(s) - (sy_0+y_0') + 3(sY(s)-y_0) + 2Y(s) = \frac{4}{s+2}$$

$$(s^2+3s+2)Y(s) = sy_0+y_0'+3y_0+\frac{4}{s+2}$$

② $Y(s) = \dfrac{sy_0+(y_0'+3y_0)}{s^2+3s+2} + 4\dfrac{1}{(s+2)(s^2+3s+2)}$

$$= \frac{sy_0+(y_0'+3y_0)}{(s+2)(s+1)} + \frac{4}{(s+2)^2(s+1)}$$
$$= \frac{1}{s+2}\{2y_0-(y_0'+3y_0)\} + \frac{1}{s+1}\{-y_0+(y_0'+3y_0)\}$$
$$+ \frac{-4}{(s+2)^2} + \frac{-4}{s+2} + \frac{4}{s+1}$$
$$= \frac{-1}{s+2}(y_0+y_0') + \frac{1}{s+1}(y_0'+2y_0)$$
$$-4\left\{\frac{1}{(s+2)^2}+\frac{1}{s+2}-\frac{1}{s+1}\right\}$$

③ $\mathcal{L}^{-1}[Y(s)] = -(y_0 + y_0')e^{-2t} + (2y_0 + y_0')e^{-t} - 4(te^{-2t} + e^{-2t} - e^{-t})$
$= C_1 e^{-2t} + C_2 e^{-t} - 4te^{-2t}$

注意 $\lambda^2 + 3\lambda + 2 = (\lambda + 2)(\lambda + 1) = 0$ より $\lambda = -1, -2$

ゆえに，斉次一般解：$y = C_1 e^{-2t} + C_2 e^{-t}$，特解：$y = Ate^{-2t}$ とおくと

$y' = Ae^{-2t} - 2Ate^{-2t}$

$y'' = -2Ae^{-2t} - 2Ae^{-2t} + 4Ate^{-2t}$

$\therefore \quad -4Ae^{-2t} + 4Ate^{-2t} + 3Ae^{-2t} - 6Ate^{-2t} + 2Ate^{-2t} = -Ae^{-2t} = 4e^{-2t}$

$\therefore \quad A = -4$

ゆえに $y = C_1 e^{-2t} - C_2 e^{-t} - 4te^{-2t}$

$y(0_+) = C_1 + C_2 = y_0$

$y'(0_+) = -2C_1 - C_2 - 4 = y_0'$

$\therefore \quad -C_1 - 4 = y_0 + y_0'$

$\therefore \quad C_1 = -(y_0 + y_0') - 4$

$\therefore \quad C_2 = y_0 - C_1 = y_0 + (y_0 + y_0') + 4 = 2y_0 + y_0' + 4$ □

(2) ① $s^2 Y(s) - (sy_0 + y_0') + 4Y(s) = 6\dfrac{2}{s^2 + 2^2} + 3\dfrac{2!}{s^3}$

$Y(s)(s^2 + 4) = sy_0 + y_0' + \dfrac{12}{s^2 + 4} + \dfrac{6}{s^3}$

② $Y(s) = \dfrac{sy_0 + y_0'}{s^2 + 4} + \dfrac{12}{(s^2 + 4)^2} + \dfrac{6}{s^3(s^2 + 4)}$

ここで $\dfrac{6}{s^3(s^2 + 4)} = \dfrac{K_1}{s^3} + \dfrac{K_2}{s^2} + \dfrac{K_3}{s} + \dfrac{as + b}{s^2 + 4}$

$K_1 = \dfrac{6}{4}$

$K_2 = \left.\dfrac{-12s}{(s^2 + 4)^2}\right|_{s=0} = 0$

$K_3 = \dfrac{1}{2} \times \left.\dfrac{-12(s^2 + 4)^2 + 12s(s^2 + 4) \cdot 2 \cdot 2s}{(s^2 + 4)^4}\right|_{s=0} = -\dfrac{3}{8}$

$a(2j) + b = \dfrac{b}{(2j)^3} = \dfrac{b}{-8j} = \dfrac{3}{4}j$

$\therefore \quad b = 0,\ a = \dfrac{1}{2} \cdot \dfrac{3}{4} = \dfrac{3}{8}$

$\therefore \quad Y(s) = \dfrac{sy_0}{s^2 + 4} + \dfrac{y_0'}{2}\dfrac{2}{s^2 + 4} + 12\dfrac{4}{(s^2 + 4)^2} + \dfrac{6}{4}\dfrac{1}{s^3} - \dfrac{3}{8}\dfrac{1}{s} + \dfrac{3}{8}\dfrac{s}{s^2 + 4}$

③　$y(t)=\mathcal{L}^{-1}[Y(s)]$

$$=y_0\cos 2t+\frac{y_0'}{2}\sin 2t+\frac{12}{2\cdot 2^3}(\sin 2t-2t\cos 2t)+\frac{6}{4}\frac{1}{2}t^2-\frac{3}{8}+\frac{3}{8}\cos 2t$$

$$\therefore\quad y(t)=y_0\cos 2t+\frac{y_0'}{2}\sin 2t+\frac{3}{4}(\sin 2t-2t\cos 2t)+\frac{3}{4}t^2-\frac{3}{8}+\frac{3}{8}\cos 2t$$

$$=C_1\cos 2t+C_2\sin 2t-\frac{3}{2}t\cos 2t+\frac{3}{4}t^2-\frac{3}{8}$$

注意　$y''+4y=3t^2$ の特解：$y=At^2+Bt+C,\ y'=2At+B,\ y''=2A$

$$\therefore\quad 2A+4(At^2+Bt+C)=4At^2+4Bt+2A+4C=3t^2$$

$$\therefore\quad A=\frac{3}{4},\ C=-\frac{A}{2}=-\frac{3}{8}$$

$y''+4y=6\sin 2t$ の特解：$y=At\cos 2t$ とおくと $y'=A\cos 2t-2At\sin 2t$

$$y''=-2A\sin 2t-2A\sin 2t-4At\cos 2t$$

$$=-4A\sin 2t-4At\cos 2t$$

$$\therefore\quad -4A\sin 2t-4At\cos 2t+4At\cos 2t=6\sin 2t$$

$$\therefore\quad A=-\frac{3}{2}$$

□

(3)，(4)　省略

4　連立微分方程式，微積分方程式，偏微分方程式の解法

1　(1)　省略

(2)　①　ラプラス変換形：$\begin{cases}3(s+5)X(s)+(s+9)Y(s)=3A+B\\ 3(s-1)X(s)-2(s+3)Y(s)=3A-2B\end{cases}$

②　$\Delta(s)=3\begin{vmatrix}s+5 & s+9\\ s-1 & -2(s+3)\end{vmatrix}$

$$=-3\{2(s+5)(s+3)+(s-1)(s+9)\}$$
$$=-3(3s^2+24s+21)=-9(s^2+8s+7)$$
$$=-9(s+7)(s+1)$$

③　$X(s)$ の分子 $=3A\begin{vmatrix}1 & s+9\\ 1 & -2(s+3)\end{vmatrix}+B\begin{vmatrix}1 & s+9\\ -2 & -2(s+3)\end{vmatrix}$

$$=3A(-2s-6-s-9)+2B(-s-3+s+9)$$
$$=-9A(s+5)+12B$$

$$\therefore \quad X(s) = \frac{-9A(s+5)}{-9(s+7)(s+1)} + \frac{12B}{-9(s+7)(s+1)}$$
$$= A\frac{s+5}{(s+7)(s+1)} - \frac{4}{3}B\frac{1}{(s+7)(s+1)}$$
$$= A\left(\frac{1}{3}\frac{1}{s+7} + \frac{2}{3}\frac{1}{s+1}\right) - \frac{4}{3}B\left(\frac{1}{-6}\frac{1}{s+7} + \frac{1}{6}\frac{1}{s+1}\right)$$
$$= \frac{A}{3}\left(\frac{1}{s+7} + \frac{2}{s+1}\right) + \frac{2}{9}B\left(\frac{1}{s+7} - \frac{1}{s+1}\right)$$

④ $Y(s)$ の分子 $= 9A\begin{vmatrix} s+5 & 1 \\ s-1 & 1 \end{vmatrix} + 3B\begin{vmatrix} s+5 & 1 \\ s-1 & -2 \end{vmatrix}$

$$= 9A(s+5-s+1) + 3B(-2s-10-s+1)$$
$$= 9A\cdot 6 + 3B(-3s-9)$$
$$= 54A - 9B(s-3)$$

$$\therefore \quad Y(s) = \frac{54A}{-9(s+7)(s+1)} - 9B\frac{(s+3)}{-9(s+7)(s+1)}$$
$$= -6A\frac{1}{(s+7)(s+1)} + B\frac{s+3}{(s+7)(s+1)}$$
$$= -6A\left(\frac{1}{-6}\frac{1}{s+7} + \frac{1}{6}\frac{1}{s+1}\right) + B\left(\frac{2}{3}\frac{1}{s+7} + \frac{1}{3}\frac{1}{s+1}\right)$$
$$= A\left(\frac{1}{s+7} - \frac{1}{s+1}\right) + \frac{B}{3}\left(\frac{2}{s+7} + \frac{1}{s+1}\right)$$

⑤ $x(t) = \frac{A}{3}(e^{-7t} + 2e^{-t}) + \frac{2}{9}B(e^{-7t} - e^{-t})$ より，$2C_1 = \frac{2}{3}A - \frac{2}{9}B$

よって，$x(t) = 2C_1e^{-t} + C_2e^{-7t}$

$$y(t) = A(e^{-7t} - e^{-t}) + \frac{B}{3}(2e^{-7t} + e^{-t}) \text{ より，} C_2 = \frac{A}{3} + \frac{2}{9}B$$

よって，$y(t) = -3C_1e^{-t} + 3C_2e^{-7t}$

注意 $x(t) = Ae^{\lambda t}, y(t) = Be^{\lambda t}$ とすると，$\Delta(\lambda) = -9(\lambda+7)(\lambda+1) = 0$ より，$\lambda = -7, -1$

$\lambda = -7$ のとき，$\begin{cases} 3\cdot(-2)A + 2B = -6A + 2B = 0 \\ 3\cdot(-8)A - 2\cdot(-4)B = -24A + 8B = 0 \end{cases}$

$\therefore \quad A : B = 1 : 3$ だから，$\begin{cases} A = C_2 \\ B = 3C_2 \end{cases}$

$\lambda = -1$ のとき，$\begin{cases} 3 \cdot 4A + 8B = 12A + 8B = 0 \\ 3 \cdot (-2)A - 2 \cdot 2B = -6A - 4B = 0 \end{cases}$

$\therefore \quad A : B = 2 : (-3)$ だから，$\begin{cases} A = 2C_1 \\ B = -3C_1 \end{cases}$ □

(3)，(4)，(5)，(6) 省略

(7) ① ラプラス変換形：$\begin{cases} (s+2)X(s) + (s+1)Y(s) = A + B + \dfrac{1}{s^2} \\ 5X(s) + (s+3)Y(s) = B + \dfrac{1}{s-1} \end{cases}$

② $\Delta(s) = \begin{vmatrix} s+2 & s+1 \\ 5 & s+3 \end{vmatrix}$

$= (s+2)(s+3) - 5(s+1)$

$= s^2 + 5s + 6 - 5s - 5 = s^2 + 1$

③ $X(s)$ の分子 $= A \begin{vmatrix} 1 & s+1 \\ 0 & s+3 \end{vmatrix} + B \begin{vmatrix} 1 & s+1 \\ 1 & s+3 \end{vmatrix} + \begin{vmatrix} \dfrac{1}{s^2} & s+1 \\ \dfrac{1}{s-1} & s+3 \end{vmatrix}$

$= A(s+3) + 2B + \dfrac{s+3}{s^2} - \dfrac{s+1}{s-1}$

$\therefore \quad X(s) = A\dfrac{s+3}{s^2+1} + 2B\dfrac{1}{s^2+1} + \dfrac{s+3}{s^2(s^2+1)} - \dfrac{s+1}{(s-1)(s^2+1)}$

$= A\dfrac{s+3}{s^2+1} + 2B\dfrac{1}{s^2+1} + \dfrac{3}{s^2} + \dfrac{1}{s} - \overbrace{\dfrac{s+3}{s^2+1} - \dfrac{s}{s^2+1}}^{\frac{3}{s^2+1}} - \dfrac{1}{s-1}$

④ $Y(s)$ の分子 $= A \begin{vmatrix} s+2 & 1 \\ 5 & 0 \end{vmatrix} + B \begin{vmatrix} s+2 & 1 \\ 5 & 1 \end{vmatrix} + \begin{vmatrix} s+2 & \dfrac{1}{s^2} \\ 5 & \dfrac{1}{s-1} \end{vmatrix}$

$= -5A + B(s-3) + \dfrac{s+2}{s-1} - \dfrac{5}{s^2}$

$\therefore \quad Y(s) = -5A\dfrac{1}{s^2+1} + B\dfrac{s-3}{s^2+1} + \dfrac{s+2}{(s-1)(s^2+1)} - \dfrac{5}{s^2(s^2+1)}$

$= -5A\dfrac{1}{s^2+1} + B\dfrac{s-3}{s^2+1} + \dfrac{3}{2}\dfrac{1}{s-1} - \dfrac{1}{2}\dfrac{3s+1}{s^2+1} - \dfrac{5}{s^2} + \dfrac{5}{s^2+1}$

⑤ $x(t) = A(\cos t + 3\sin t) + 2B\sin t + 3t + 1 - 3\sin t - e^t$

$= A\cos t + (3A + 2B - 3)\sin t - e^t + 3t + 1$

$$y(t) = -5A\sin t + B(\cos t - 3\sin t) + \frac{3}{2}e^t - \frac{3}{2}\cos t - \frac{1}{2}\sin t - 5t + 5\sin t$$

$$= \left(B - \frac{3}{2}\right)\cos t - \left(5A + 3B - \frac{4}{2}\right)\sin t + \frac{3}{2}e^t - 5t$$

$A = C_1,\ B - \dfrac{3}{2} = C_2$ とおくと

$$x(t) = C_1(\cos t + 3\sin t) + 2C_2\sin t - e^t + 3t + 1$$

$$y(t) = -5C_1\sin t + C_2(\cos t - 3\sin t) + \frac{3}{2}e^t - 5t$$

(8), (9) 省略

2 (1) 省略

(2) 第 2 式より, $\dfrac{dx}{dt} = x + 2y + z$

$\therefore\quad x'(0_+) = x(0) + 2y(0) + 2z(0) = 0$

① ラプラス変換形：$\begin{cases} (s^2-1)X(s) + 2(s+1)Y(s) + (s+1)Z(s) = \dfrac{1}{s-1} \\ (s-1)X(s) - 2Y(s) - Z(s) = 0 \\ (s+1)^2X(s) + 2(s+1)Y(s) - (s+1)Z(s) = 0 \end{cases}$

② $$\Delta(s) = \begin{vmatrix} s^2-1 & 2(s+1) & s+1 \\ s-1 & -2 & -1 \\ (s+1)^2 & 2(s+1) & -(s+1) \end{vmatrix}$$

$$= 2(s+1)^2\begin{vmatrix} s-1 & 1 & 1 \\ s-1 & -1 & -1 \\ s+1 & 1 & -1 \end{vmatrix}$$

$$= 2(s+1)^2\begin{vmatrix} s-1 & 1 & 0 \\ s-1 & -1 & 0 \\ s+1 & 1 & -2 \end{vmatrix}$$

$$= 8(s-1)(s+1)^2$$

③ $X(s)$ の分子 $= 2\begin{vmatrix} \dfrac{1}{s-1} & s+1 & s+1 \\ 0 & -1 & -1 \\ 0 & s+1 & -(s+1) \end{vmatrix}$

$$= 2\frac{1}{s-1}\cdot 2(s+1) = 4\frac{s+1}{s-1}$$

$$\therefore \quad X(s) = 4\frac{s+1}{s-1}\frac{1}{8(s-1)(s+1)^2}$$
$$= \frac{1}{2}\frac{-1}{(s-1)^2(s+1)} = \frac{1}{2}\left\{\frac{1}{2}\frac{1}{(s-1)^2} - \frac{1}{4}\frac{1}{(s-1)} + \frac{1}{4}\frac{1}{s+1}\right\}$$

④ $Y(s)$ の分子 $= \begin{vmatrix} s^2-1 & \dfrac{1}{s-1} & s+1 \\ s-1 & 0 & -1 \\ (s+1)^2 & 0 & -(s+1) \end{vmatrix}$

$$= -\frac{s+1}{s-1}\begin{vmatrix} s-1 & -1 \\ s+1 & -1 \end{vmatrix}$$
$$= -2\frac{s+1}{s-1}$$

$$\therefore \quad Y(s) = -2\frac{s+1}{s-1}\frac{1}{8(s-1)(s+1)^2} = -\frac{1}{4}\frac{1}{(s-1)^2(s+1)}$$

$$\therefore \quad Y(s) = -\frac{1}{2}X(s)$$

⑤ $Z(s)$ の分子 $= 2\begin{vmatrix} s^2-1 & s+1 & \dfrac{1}{s-1} \\ s-1 & -1 & 0 \\ (s+1)^2 & s+1 & 0 \end{vmatrix}$

$$= 2\frac{s+1}{s-1}\begin{vmatrix} s-1 & -1 \\ s+1 & 1 \end{vmatrix}$$
$$= 4s\frac{s+1}{s-1}$$

$$\therefore \quad Z(s) = 4s\frac{s+1}{s-1}\frac{1}{8(s-1)(s+1)^2} = \frac{1}{2}\frac{s}{(s-1)^2(s+1)}$$
$$= \frac{1}{2}\left\{\frac{1}{2}\frac{1}{(s-1)^2} + \frac{1}{4}\frac{1}{s-1} - \frac{1}{4}\frac{1}{s+1}\right\}$$

⑥ $x(t) = \frac{1}{4}te^t - \frac{1}{8}e^t + \frac{1}{8}e^{-t} = \frac{1}{8}(2t-1)e^t + \frac{1}{8}e^{-t}$

$y(t) = -\frac{1}{2}x(t) = -\frac{1}{16}(2t-1)e^t - \frac{1}{16}e^{-t}$

$z(t) = \frac{1}{4}e^t + \frac{1}{8}e^t - \frac{1}{8}e^{-t} = \frac{1}{8}(2t+1)e^t - \frac{1}{8}e^{-t}$

注意 一般解は，$t=0$ として

$$\begin{cases} x = C_1 e^t + C_2 e^{-t} + \dfrac{1}{4} t e^t & = C_1 + C_2 = 0 \\ 2y = -C_1 e^t + (C_3 - C_2) e^{-t} - \dfrac{1}{4} t e^t & = -C_1 + C_3 - C_2 = 0 \\ z = C_1 e^t - (C_2 + C_3) e^{-t} + \dfrac{1}{4} t e^t + \dfrac{1}{4} e^t & = C_1 - C_2 - C_3 + \dfrac{1}{4} = 0 \end{cases}$$

$\therefore \quad C_3 = 0,\ -2C_2 = -\dfrac{1}{4}$

よって，$C_2 = \dfrac{1}{8},\ C_1 = -\dfrac{1}{8}$ □

3 $x(t) - \displaystyle\int_0^t x(u)du = 1$

ラプラス変換：$X(s) - \dfrac{X(s)}{s} = \dfrac{1}{s}$

$\therefore \quad X(s) = \dfrac{1}{s-1}$

$\therefore \quad x(t) = e^t$

4 (1) 両辺をラプラス変換すると，

$$Y(s) + a\frac{Y(s)}{s} = F(s) + b\frac{F(s)}{s} \tag{i}$$

であり，

$$F(s) = \int_0^\infty e^{-st} f(t)dt = \int_0^1 e^{-st}dt = \frac{1-e^{-s}}{s}$$

よって，(i) より，

$$Y(s) = \frac{s+b}{s+a}F(s) = \frac{s+b}{s+a}\frac{1-e^{-s}}{s}$$

$y(t) = \mathcal{L}^{-1}\left[\dfrac{s+b}{s(s+a)}\right]$ とすると，

$$\begin{aligned} y(t) &= Y(t) - Y(t-1) \\ &= \frac{b}{a}\{u(t) - u(t-1)\} + \left(1 - \frac{b}{a}\right)(1 - e^a)e^{-at} \end{aligned}$$

となる．

(2) 概略図は，次のようになる．

(i) $\dfrac{b}{a} > 1$ すなわち $b > a$ のとき

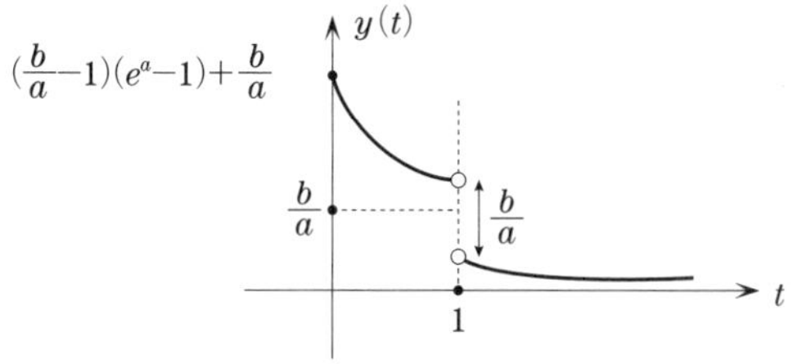

(ii) $\dfrac{b}{a} < 1$ すなわち $b < a$ のとき

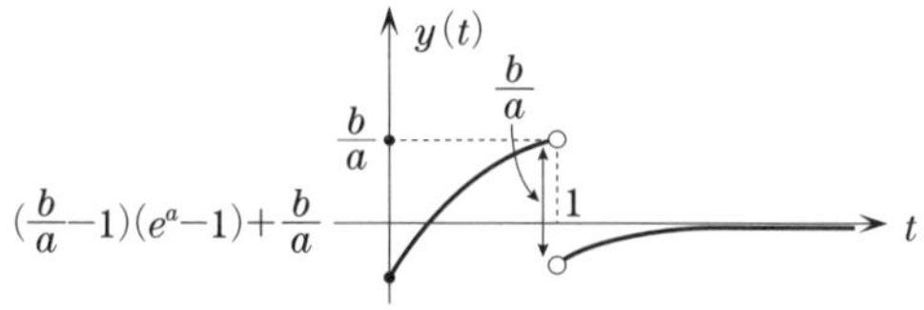

5 線形システムの取り扱い

1 (1) $y(t) = \displaystyle\int_0^\infty h(\tau)x(t-\tau)d\tau$

ここで $x(t-\tau) = 0$，$\tau > t$ を考慮して代入すると，

$$
\begin{aligned}
y(t) &= \int_0^t e^{-2\tau} \cdot e^{-(t-\tau)} d\tau \\
&= \int_0^t e^{-(t+\tau)} d\tau \\
&= \left[\frac{e^{-(t+\tau)}}{-1} \right]_0^t \\
&= -e^{-2t} + e^{-t}
\end{aligned}
$$

(2) $h(t), x(t)$ のラプラス変換 $H(s), X(s)$ がそれぞれ $\dfrac{1}{s+2}, \dfrac{1}{s+1}$ であるから，

$$
\begin{aligned}
Y(s) &= H(s)X(s) \\
&= \frac{1}{s+2}\frac{1}{s+1} \\
&= -\frac{1}{s+2} + \frac{1}{s+1}
\end{aligned}
$$

したがって，

$$y(t) = -e^{-2t} + e^{-t}$$

2 (1)

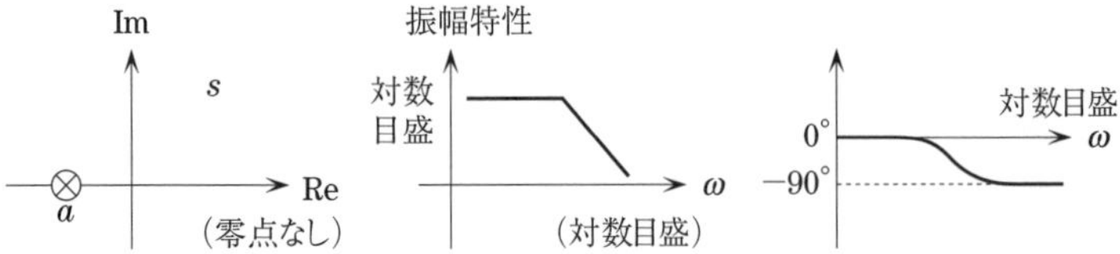

(2)

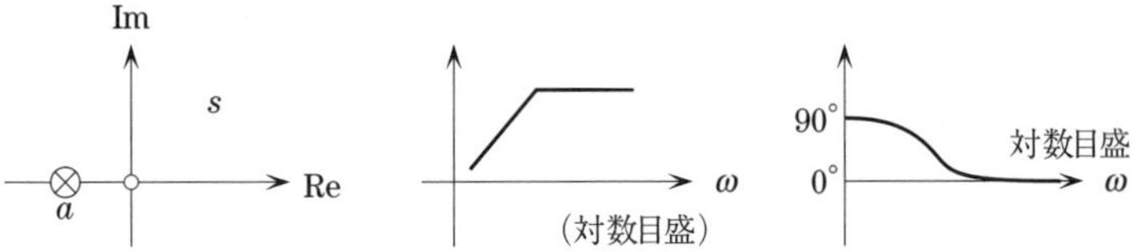

(3)

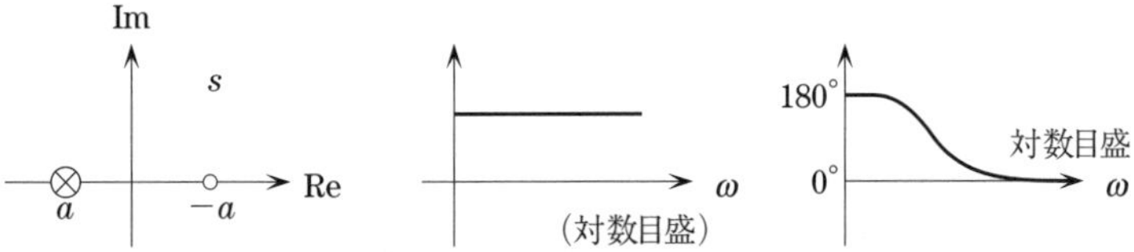

6 ラプラス変換と電気回路

1 R_2 を流れる電流を i_2 とおけば，

$$\begin{cases} E = R_1(i + i_2) + L\dfrac{di}{dt} + R_3 i \\ E = R_1(i + i_2) + R_2 i_2 \end{cases}$$

これを連立して i_2 を消去すれば，

$$\frac{R_2}{R_1 + R_2}E = R_1 i - \frac{R_1 R_2}{R_1 + R_2}i + L\frac{di}{dt} + R_3 i$$

ラプラス変換して

$$\frac{R_2}{R_1 + R_2}\frac{E}{s} = \left(R_1 - \frac{R_1 R_2}{R_1 + R_2} + Ls + R_3\right) I(s)$$

$$I(s) = \frac{R_2 E}{s\{L(R_1 + R_2)s + R_1{}^2 + R_2 R_3 + R_3 R_1\}}$$

$$= \frac{A}{s} + \frac{C}{s + B}$$

ここで

$$A = \frac{R_2}{{R_1}^2 + R_2R_3 + R_3R_1}E, \quad B = \frac{{R_1}^2 + R_2R_3 + R_3R_1}{L(R_1 + R_2)},$$

$$C = -\frac{L(R_1 + R_2)R_2}{{R_1}^2 + R_2R_3 + R_3R_1}E$$

として，ラプラス逆変換すれば，

$$i(t) = A + Ce^{-Bt}$$

2 (a) $$G(s) = \frac{\dfrac{1}{sC}}{R + \dfrac{1}{sC}} = \frac{1}{sCR + 1}$$

$$V_2(s) = \frac{1}{sCR + 1}\frac{1}{s} = \frac{1}{s} - CR\frac{1}{sCR + 1} = \frac{1}{s} - \frac{1}{s + \dfrac{1}{CR}}$$

$$\therefore \quad v_2(t) = 1 - e^{-\frac{1}{CR}t}$$

(b) $$G(s) = \frac{R}{R + \dfrac{1}{sC}} = \frac{sCR}{sCR + 1}$$

$$V_2(s) = \frac{sCR}{sCR + 1} \cdot \frac{1}{s} = \frac{1}{s + \dfrac{1}{CR}}$$

$$\therefore \quad v_2(t) = e^{-\frac{1}{CR}t}$$

(c) $$G(s) = \frac{\dfrac{1}{sC}}{sL + \dfrac{1}{sC}} = \frac{1}{s^2LC + 1} = \frac{1}{LC}\frac{1}{s^2 + \dfrac{1}{LC}}$$

$$V_2(s) = \frac{1}{LC}\frac{1}{s^2 + \dfrac{1}{LC}} \cdot \frac{1}{s} = \frac{1}{s} - \frac{s}{s^2 + \dfrac{1}{LC}}$$

$$\therefore \quad v_2(t) = 1 - \cos\sqrt{\frac{1}{LC}}\,t$$

3 (1) 回路の入力インピーダンスを $Z(s)$ とおくと，

$$E(s) = Z(s)I(s)$$

ここで $E(s) = \mathcal{L}[e(t)] = \dfrac{10}{s}$ のとき，

$$I(s) = \mathcal{L}[i(t)] = 20\left(\frac{1}{s+1} - \frac{1}{s+3}\right)$$

$$\therefore \quad Z(s) = \frac{E(s)}{I(s)} = \frac{\dfrac{10}{s}}{20\left(\dfrac{1}{s+1} - \dfrac{1}{s+3}\right)}$$

$$= \frac{1}{2s}\frac{(s+1)(s+3)}{(s+3)-(s+1)} = \frac{1}{4s}(s+1)(s+3)$$

$$= \frac{1}{4s}(s^2+4s+3) = \frac{s}{4} + 1 + \frac{3}{4s}$$

これは R, L, C 直列回路のインピーダンス

$$Z(s) = sL + R + \frac{1}{sC}$$

において，$L = \dfrac{1}{4}$, $R = 1$, $C = \dfrac{4}{3}$ に相当する．

ゆえに，この応答を実現する線形回路網は次のようになる．

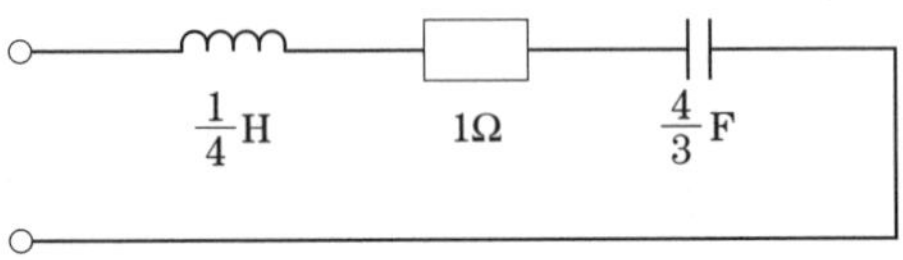

(2) $i(t) = 20(e^{-t} - e^{-2t})$ の裏関数は

$$I(s) = 20 \cdot \left(\frac{1}{s+1} - \frac{1}{s+2}\right)$$

そのとき，入力に加えるべきの裏関数は

$$E(s) = Z(s)I(s)$$

$$= \frac{1}{4s}(s+1)(s+3) \cdot 20\left(\frac{1}{s+1} - \frac{1}{s+2}\right)$$

$$= \frac{20}{4s}\frac{(s+1)(s+3)}{(s+1)(s+2)}\{(s+2)-(s+1)\}$$

$$= 5\frac{s+3}{s(s+2)}$$

$$= 5\left\{\frac{1}{s}\cdot\frac{3}{2}+\frac{1}{s+2}\cdot\left(-\frac{1}{2}\right)\right\}$$

$$= \frac{15}{2}\frac{1}{s}-\frac{5}{2}\frac{1}{s+2}$$

$$\therefore \quad e(t) = \frac{15}{2}-\frac{5}{2}e^{-2t}$$

7　ラプラス変換と制御工学

1　省略

2　まず伝達関数ブロック線図から状態方程式に直す．そのためには，信号の重ね合わせ点の関係を書き下せばよく，

$$e-\phi\omega = (R+sL)i = Ri + L\dot{i}$$

$$\therefore \quad \dot{i} = -\frac{R}{L}i - \frac{\phi}{L}\omega + \frac{1}{L}e$$

$$\phi i + T_L = (Js+B)\omega = J\dot{\omega} + B\omega$$

$$\therefore \quad \dot{\omega} = \frac{\phi}{J}i - \frac{B}{J}\omega + \frac{1}{j}T_L$$

したがって，状態方程式は，

$$\begin{bmatrix} \dot{i} \\ \dot{\omega} \end{bmatrix} = \begin{bmatrix} -\dfrac{R}{L} & -\dfrac{\phi}{L} \\ \dfrac{\phi}{J} & -\dfrac{B}{J} \end{bmatrix}\begin{bmatrix} i \\ \omega \end{bmatrix} + \begin{bmatrix} \dfrac{1}{L} & 0 \\ 0 & \dfrac{1}{J} \end{bmatrix}\begin{bmatrix} e \\ T_L \end{bmatrix}$$

となる．さて，こうなってしまえば，伝達関数行列（e と T_L から i と ω までの 4 つの伝達関数），

$$\begin{bmatrix} I(s) \\ \Omega(s) \end{bmatrix} = \begin{bmatrix} G_{11}(s) & G_{12}(s) \\ G_{21}(s) & G_{22}(s) \end{bmatrix}\begin{bmatrix} E(s) \\ T_L(s) \end{bmatrix}$$

は，式 (7.18) を使って機械的に求めることができる．伝達関数ブロック図の変換などを行って 1 つずつ求めるのに比べれば，はるかに手間も間違いも少ないであろう．

なおこの例で，T_L は本当は外乱入力であって制御入力ではないが，ここでは伝達関数行列を求めるだけなので，まとめて入力として扱っている．

8 z 変換の基礎

1 (1) $\dfrac{z\sin b}{z^2-2z\cos b+1}$

(2) $\dfrac{z(z-\cos b)}{z^2-2z\cos b+1}$

2 与式を z 変換すると

$$Y(z)=z^{-1}+2z^{-1}Y(z)-z^{-2}Y(z)$$

ゆえに

$$Y(z)(1-2z^{-1}+z^{-2})=z^{-1}$$

より

$$Y(z)=\frac{z^{-1}}{(1-z^{-1})^2}=\frac{z}{(z-1)^2}$$

これは $y(n)=n$ の z 変換となっている．

3 (1) a_n の z 変換 $A(z)$ を求める．

$$a_n=\alpha a_{n-1}+\beta a_{n-2}+(1-\alpha-\beta)a_{n-3} \qquad \text{(i)}$$

(i) の両辺に z^{-n} をかけて得られる式群の和により，

$$A(z)-a_0-a_1z^{-1}-a_2z^{-2}$$
$$=\alpha z^{-1}(A(z)-a_0-a_1z^{-1})+\beta z^{-2}(A(z)-a_0)+(1-\alpha-\beta)A(z)z^{-3} \qquad \text{(ii)}$$

が得られる．(ii) を変形して

$$A(z)=\frac{a_0+(a_1-\alpha a_0)z^{-1}+(a_2-\alpha a_1-\beta a_0)z^{-2}}{(1-z^{-1})\{1+(1-\alpha)z^{-1}+(1-\alpha-\beta)z^{-2}\}} \qquad \text{(iii)}$$

(2) $1+(1-\alpha)z^{-1}+(1-\alpha-\beta)z^{-2}=0 \qquad \text{(iv)}$

(iv) に $z\to\dfrac{1+\omega}{1-\omega}$ なる変換を行うと，

$$1+(1-\alpha)\left(\frac{1-\omega}{1+\omega}\right)+(1-\alpha+\beta)\left(\frac{1-\omega}{1+\omega}\right)^2=0$$

これより，$(1-\beta)\omega^2+2(\alpha+\beta)\omega+(3-2\alpha-\beta)=0 \qquad \text{(v)}$

よって，(v) より，$\mathrm{Re}\,\omega=-\dfrac{\alpha+\beta}{1-\beta}$ なので

$$\mathrm{Re}\,\omega<0\leftrightarrow\frac{\alpha+\beta}{1-\beta}>0\leftrightarrow\begin{cases}\alpha+\beta<0 & (\beta>1)\\ \alpha+\beta>0 & (\beta<1)\end{cases}$$

となる．

これを図示すると右図の影をつけた部分のようになる．

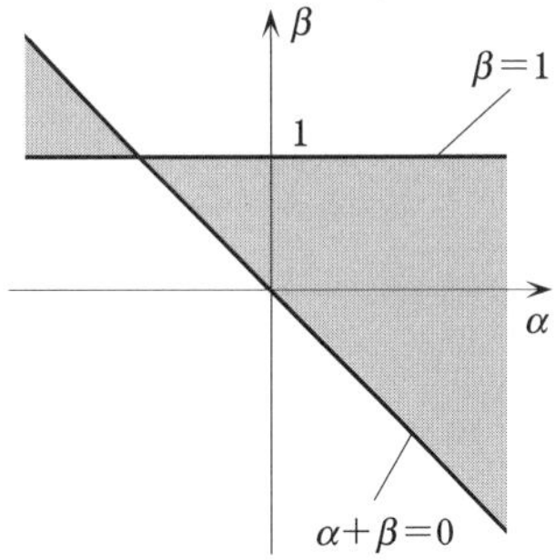

(3)　(iii) の形の $A(z)$ を部分分数分解すると，

$$A(z) = \frac{A}{1-z^{-1}} + \frac{B}{1-\delta z^{-1}} + \frac{C}{1-\rho z^{-1}} \tag{vi}$$

のようになり，いま，$A(z)$ は安定なので，これは (vi) において $|\delta|, |\rho| < 1$ が成立しているということであり，(vi) の逆 z 変換 a_n の極限値は

$$\lim_{n\to\infty} a_n = \lim_{n\to\infty}[A + B\delta^n + C\rho^n] = A$$

となる．ここで (iii) の両辺に $1 - z^{-1}$ をかけて $z = 1$ を代入すると，

$$A = \frac{a_0 + a_1 + a_2 - \alpha(a_0 + a_1) - \beta a_0}{3 - 2\alpha - \beta}$$

と求まる．

4　$x(n) = 0$ $(n < 0)$ を考慮して $x(n-k)$ と $x(n+k)$ を z 変換すると

$$\begin{aligned}
x(n-k) \to \sum_{n=0}^{\infty} x(n-k)z^{-n} &= z^{-k}\sum_{n=0}^{\infty} x(n-k)z^{-(n-k)} \\
&= z^{-k}\sum_{l=0}^{\infty} x(l)z^{-l} \\
&= z^{-k}X(z)
\end{aligned}$$

$$\begin{aligned}
x(n+k) \to \sum_{n=0}^{\infty} x(n+k)z^{-n} &= z^{k}\sum_{n=0}^{\infty} x(n+k)z^{-(n+k)} \\
&= z^{k}\sum_{l=k}^{\infty} x(l)z^{-l} \\
&= z^{k}\left\{X(z) - \sum_{l=0}^{k-1} x(l)z^{-l}\right\}
\end{aligned}$$

9 離散時間線形システム

1 (1)

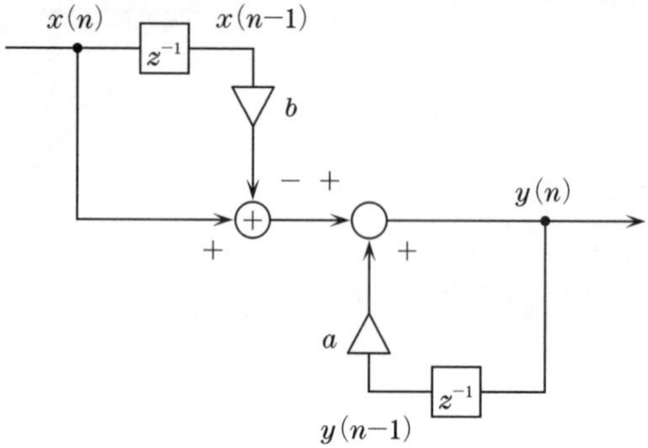

または

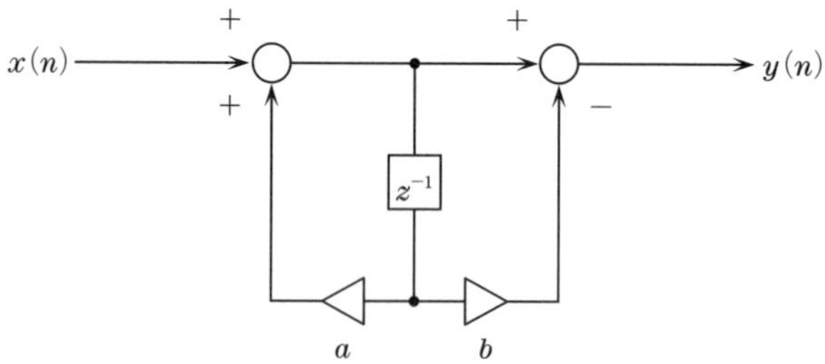

(2) 伝達関数

$$H(z)=\frac{1-bz^{-1}}{1-az^{-1}}=\frac{z-b}{z-a}$$

単位パルス応答

$$\frac{1-bz^{-1}}{1-az^{-1}}=(1-bz^{-1})(1+az^{-1}+a^2z^{-2}+\cdots)$$

$$=1-(a-b)z^{-1}+a(a-b)z^{-2}+a^2(a-b)z^{-3}+\cdots$$

より

$$h(n)=\begin{cases}1 & (n=0)\\ a^{n-1}(a-1) & (n\geq 1)\end{cases}$$

(3) 安定である条件は，極（=分母多項式の根）が z 平面の単位円内にあることである．したがって

$a=b$ のときは，もともと極がなく，

$a \neq b$ のときは，$|a| < 1$ のときに安定になる．

2 (1) $H(z) = \dfrac{1-bz}{z-b} = z^{-1}\dfrac{1-bz}{1-bz^{-1}}$

(2) $b=0$ のとき，$H(z)=z^{-1}$：1 タイムスロット遅延

$b=1$ のとき，$H(z)=-1$ ：反転

$b=-1$ のとき，$H(z)=1$ ：そのまま通過

(3) $H(z)$ に $z=e^{j\omega T}$ を代入することにより，周波数特性が得られるから，その振幅特性を求めると

$$H(z) = z^{-1}\frac{1-bz}{1-bz^{-1}}$$

より

$$|H(e^{j\omega T})| = |e^{-j\omega T}|\frac{|1-be^{-j\omega T}|}{|1-be^{j\omega T}|}$$

ここで

$$|e^{-j\omega T}| = 1, \quad |1-be^{-j\omega T}| = |1-be^{j\omega T}|$$

であるから

$$|H(e^{j\omega T})| = 1$$

すなわち，振幅特性が一定で位相のみが変化する全域通過（オールパス）型 ③ である．

参考文献

[1] 島村敏，基礎ラプラス変換，コロナ社，1965.

[2] 川村雅恭，ラプラス変換と電気回路，昭晃堂，1978.

[3] 小島紀男，篠崎寿夫，z 変換入門，東海大学出版会，1981.

[4] 大下真二郎，詳解 Laplace 変換演習，共立出版 1983.

[5] 坂和正敏，応用解析学の基礎——複素解析，フーリエ解析・ラプラス変換，森北出版，1988.

[6] R. ヴィーフ（富久泰明 監訳），電子/制御/システム工学のための z 変換の理論と応用，丸善，1991.

[7] 松浦武信，富山薫順，佐々木博文，現代工学のためのラプラス変換とその応用——対話解説，現代工学社，1995.

[8] 小島紀男，高橋宣明，本間光一，現代工学のための z 変換とその応用——対話解説，現代工学社，1995.

[9] 堀洋一，大西公平，制御工学の基礎，丸善，1997.

[10] 楠田信，平居孝之，福田亮治，フーリエ・ラプラス変換，共立出版，1997.

[11] 寺田文行，フーリエ解析・ラプラス変換，サイエンス社，1998.

[12] 三谷政昭，信号解析のための数学，森北出版，1998.

[13] 芦野隆一，R. ヴァイアンクール，MATLAB による微分方程式とラプラス変換，共立出版，2000.

[14] 樋口禎一，八高隆雄，フーリエ級数とラプラス変換の基礎・基本，牧野書店，2000.

索　　引

サ 行

タ 行

ナ　行

ハ　行

マ　行

ヤ　行

ラ　行

ワ　行

著者略歴

原島　博（はらしま　ひろし）

1973年　東京大学大学院工学系研究科博士課程修了
現　在　東京大学情報学環・学際情報学府教授
　　　　工学博士

主要著書

顔学への招待（岩波書店）
感じる・楽しむ・創りだす 感性情報学（共著，工作舎）
情報と符号の理論（共著，岩波書店）

堀　洋一（ほり　よういち）

1983年　東京大学大学院工学系研究科博士課程修了
現　在　東京大学大学院新領域創成科学研究科教授
　　　　工学博士

主要著書

制御工学の基礎（共著，丸善）
応用制御工学（共著，丸善）
自動車用モータ技術（共著，日刊工業新聞）

新・工科系の数学＝TKM-8
工学基礎 **ラプラス変換と z 変換**

2004年 10月 10日 ©　　　　初版発行
2020年 3月 25日　　　　　初版第5刷発行

著者　原島　博　　　　発行者　矢沢和俊
　　　堀　洋一　　　　印刷者　馬場信幸
　　　　　　　　　　　製本者　米良孝司

【発行】　　　株式会社　**数理工学社**

〒151–0051　東京都渋谷区千駄ヶ谷1丁目3番25号
☎ (03) 5474–8661 (代)　　サイエンスビル

【発売】　　　株式会社　**サイエンス社**

〒151–0051　東京都渋谷区千駄ヶ谷1丁目3番25号
☎ (03) 5474–8500 (代)　　振替 00170–7–2387

印刷　三美印刷　　　　製本　ブックアート

ISBN4–901683–16–0

PRINTED IN JAPAN